普天之下・盡是好書

普天出版家族
Popular Press Family

凌雲文創
A-Plus Creative Company

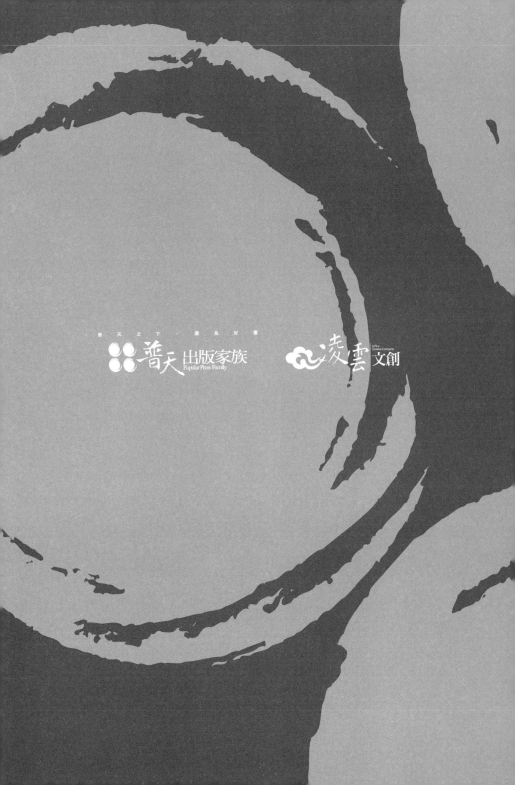

要推銷東西，先推銷你自己

THE ART OF COMMUNICATION

銷售心理篇

掌握客戶心理，把話說到對方心裡

銷售訓練大師湯姆·霍普斯金曾說：「你遇見的每一個人，都有可能成爲你的顧客，爲你帶來財富，關鍵是你如何爭取到他。」
在注重自我行銷的商業社會，說話的能力往往決定一個人做成多少生意。擁有良好的口才，表達能力強又懂得應對進退藝術的人，必然是商場上的常勝軍。與客戶打交道，必須具備洞察人心的說話技巧，只要能掌握對方的心理，就能把話說到他的心坎裡。

易千秋 編著

•出版序•

學會把話說進對方的心窩裡

期望無往而不利，少不了得培養自己的口才。不能僅僅是說話，而是要把話說到聆聽者的心坎裡去！

美國作家安．比爾斯曾經寫道：「說服是一種催眠術，說服者的意見隱密起來，變成了論證和誘惑。」

的確，想要打動人心，達成自己的目的，就必須透過有效的說話方式，將自己的意見、想法滲透到對方的腦子裡。

巧妙的說話方式、優雅的肢體語言，恰到好處的幽默語言……這些都是想打動人心之時必須具備的說話藝術。

想成功說服別人，在溝通的過程中，如何把話說到別人的心窩裡，絕對是必修的一門學分。

人際關係專家畢傑曾說：「如果你想把話說到別人的心坎裡，就必須知道如何利用別人最喜歡聽的話，間接傳達你想要傳達的意思。」

的確，同樣的一件事，用不同的兩種話來表達，最後的結果往往大相逕庭。如果你可以在事前就知道你想要傳達的人喜歡聽什麼話，然後再用他喜歡聽的話間接傳達你的意見，那麼，對方欣然接受的程度肯定會高出許多。

繁忙的人際交往中，人與人之間的溝通對話不可避免。

一個會說話的人，每一句話都能打動人們的心弦，好像具有一種不可知的魔力，操縱著人們的情緒。他的一舉手一投足，嘴裡發出來的一言一語，彷彿都能影響到周圍空氣的鬆弛與緊張。

這種感染的力量是什麼？

就是口才。

和別人接觸的時候，有四件事情容易被人用來當作標準，評定我們的價值，那就是我們做的、我們的面貌、我們說的話，以及我們如何說話。

可惜，許多人爲了種種瑣事的繁忙，忘記最重大的事，缺少時間研究他們的「辭藻」，甚至不肯花一分鐘的時間思考如何充實自己的辭句、如何增加辭句的意義，如何使講話準確清晰。

有些人以爲，只要有才幹，即使沒有口才，也可以達到成功的目的。

這種觀念並不完全正確，有才幹並且有口才的人，成功希望才更大。因爲一個人的才幹，完全可以從言語談吐之間充分地表露出來，使對方更進一步地瞭解，並且信任。

美國費城的大街上，曾躑躅著一個無業的英國青年，不論是清晨或夜晚，總是引人注目地經過那裡。

據他自己說，他想尋找一份工作。

有一天，他突然闖進了該城著名的巨賈鮑爾．吉勃斯的辦公室，請求主人犧牲一分鐘時間接見他，容許他講一兩句話。

這位陌生怪客使吉勃斯感到驚奇，因為他的外表太引人注目了，衣服已很破舊，全身流露出極度窮困的窘態，可精神倒是非常飽滿。也許是出於好奇，或者是憐憫，吉勃斯同意與這人一談。

想不到的是，他起初原想談一兩句話就好，然而一談起來，不是一兩句，也不是一二十分鐘，直到一個小時以後，談話仍沒有結束。

接下來，吉勃斯立即打電話給狄諾公司的費城經理泰勒先生，再由這位著名的金融家邀請這位陌生怪客共進午餐，並給了他一個極優越的職務。

一個窮困落魄的青年，何以能在半天之內，獲得如此美滿的結果？

他的成功秘訣，就在於極吸引人的口才。

口才，是生活中應用最普遍也最難能可貴的說話技術。然而，與你交談的對象當中，有幾個長於口才？在日常的談話中，在大庭廣眾的集會中，你遇到過多少使你滿意的談話對象？曾有多少人，能夠把話說到你的心裡去？恐怕都是屈指可數吧！

不論是面對家庭，還是職場，甚至是整個社會，期望無往而不利，少不了得培養自己的口才，強化自身的說話能力。

不能僅僅是說話，而是要把話說到聆聽者的心坎裡去！

口才是現代社會必備的競爭資本，也是增強人際關係的要素，懂得把話說得更巧妙，懂得把意見滲透到別人心裡，更是商業社會的成功之道。

很多人失敗，並不是敗於實力不濟，而是不知道運用「語言」這項利器。唯有細心研讀並靈活應用語言的魅力，具備良好的說話能力，才能增進自己的各項能力，在商業社會遊刃有餘。

•本書是《你不能不知道的銷售心理學》全新修訂版，謹此說明

PART 1 說話能力決定你的競爭力

與其說推銷語言是一門技術，倒不如說是一種藝術，因為一句話可以讓人跳，也可讓人笑。

PART 2

只要方法正確，就能有效取悅

只要方法正確，大部分的顧客很容易感到愉悅。請先讓禮貌成為你的外貌，再使用適當的說話方式，面對每個不一樣的人。

PART 3

站在對方的角度，活用說話藝術

有些顧客確實無購買能力，有些卻是想進行討價還價，推銷員一定要仔細分析其真正原因，加以擊破！

PART 4

說服的關鍵，在於口才表現

適度的自我宣傳與推銷，輔以具緩和作用的幽默感，使一切在親切融洽氣氛中進行，是達成交易的最理想情境。

PART 5

口氣決定你的運氣

如果說興趣，是談話的潤滑劑，那麼，風趣幽默就是銷售的調味料。冗長而無趣的銷售、說明是很煩人的，銷售員如不能適時來一點「噱頭」，客戶就會昏昏欲睡。

PART 6

適當的話題是交談的潤滑劑

一個銷售員的魅力，往往來自於他的博聞強記、能言善道。聊天只是為銷售增添點潤滑劑，使交談的氣氛更輕鬆，並非曲意奉承或揭人隱私。

PART 7 以退為進，誘獵物掉進陷阱

「以退為進」原則能在不知不覺中迫使對方做出大幅度讓步，落進「禮遇」的陷阱中，吃虧上當。

PART 8

揣摩心意，就能讓對方同意

被說服者會感到憂慮，主要是擔心「同意」之後就會產生意想不到的後果。如果能夠洞悉他們的心態，並加以疏導，成功率就會大大提昇。

PART 9

尊重的態度是成功的基礎

在整個談判的過程中，都要維持尊重對方的態度，以禮待之。這樣即便這次談判不成、無法合作，對方也會對你留下好印象。

PART 1

說話能力 決定你的競爭力

與其說推銷語言是一門技術，倒不如說是一種藝術，因為一句話可以讓人跳，也可讓人笑。

利益來自與客戶的良好關係

> 商場上的客戶是很特殊的交往對象，不同於朋友、同事，因此在溝通時，必須時刻注意自己的身份，說話、做事掌握好尺度。

與客戶交流時，雖然要把握一定的原則，但也不必一副凡事公事公辦、說一不二的樣子，否則必定不利於雙方溝通。

商場局勢變化難測，因此聰明的生意人會更注重確保自己與客戶間的順暢溝通，畢竟能讓彼此的關係穩定發展，對生意經營本身有益無害。

與客戶互動過程中，以下幾點必須注意：

● **不要過分恭維**

缺乏誠心、千篇一律的客氣話，必定會招致反感。

不愛聽恭維話的人自然不買帳，至於聽慣了的人，同樣不當作一回事，因爲他們早已聽膩了那些不夠誠懇的奉承，根本不會因此增加對說話者的好感。

●巧用幽默破解僵局

與客戶交流時，難免意見不合，發生分歧，如果雙方都堅持自己的原則，則很容易導致僵局出現。

碰上這種情況，不妨暫時轉移焦點，說個笑話，或者來段幽默故事，緩和一下緊張的氣氛。

事實上，就客戶自身而言，也不願意見到僵局發生，因此絕大多數也願意見好就收，不會無理取鬧、窮追猛打。所以，不妨用幽默當潤滑劑，然後再進行之後的溝通。

●保持風度與穩重態度

交往過程中，你的言談舉止能透露出自身的涵養與素質、知識程度以及品格情操。所以與客戶溝通時，要特別注意塑造形象，儘量表現得有風度且穩重，以增加客戶對你的好感。

• 不忘自己的身份

商場上的客戶是很特殊的交往對象，不同於朋友、同事，因此在溝通時必須時刻注意自己的身份，說話、做事掌握好尺度，絕對不可任意妄爲。

身在商場，與客戶溝通成功與否，將直接影響到自己的事業發展。

會溝通的人，通常比較成功。聰明且有至於發展的生意人，有必要多動腦筋，透過與客戶建立良好關係，掌握與客戶溝通的最佳方式與原則，從而更好地達到溝通目的，獲致成功。

說話能力決定你的競爭力

與其說推銷語言是一門技術，倒不如說是一種藝術，因為一句話可以讓人跳，也可讓人笑。

美國口才專家鮑特說：「在注重自我行銷的商業社會裡，說話已經成為專門藝術，說話的能力決定一個人做成多少生意。」

的確，具有良好的口才，表達能力強又彬彬有禮的人，必然是商場上的常勝軍。如果你想成爲成功的傑出人士，就必須掌握「把話說進心坎裡」的應對藝術，鍛鍊自己的說話能力。

口才是現代社會必備的競爭資本，「站在對方的角度說話」更是商業社會的成功之道，唯有具備良好的說話能力，才能在商業社會遊刃有餘。

在你看來，高明的語言應用是技術，還是藝術？

一位剛進入某百貨公司服裝專櫃任職的女店員，雖然工作之時笑容可掬、和氣親切，業績卻始終不怎麼樣。

她始終不明白，為什麼經過的人多、看的人少，更糟糕的是，往往她一開口介紹，連那些挑挑揀揀的人都馬上放下衣服離開。

主管也同樣感到疑惑，特地找一天前來專櫃實地了解。

不久，一位衣著時髦的少婦走來，對著穿在模特兒身上的洋裝，躊躇再三，似乎有些心動。那位專櫃小姐一心想要趕快促成生意，便上前說：「這件衣服銷路很好喔！光是今天一早，就賣掉了好幾件。」

沒想到適得其反，那位少婦一聽，扭頭就走，心想既然大家都買，要是穿出去撞衫多麼尷尬，還是算了吧！

一段時間之後，又來了一位中年婦女，拿起一件設計新潮的背心，似乎相當中意。專櫃小姐見狀，馬上又勸說：「這件衣服很有特色，一般人恐怕還穿不了呢！上市之後，一件都沒有賣出去，看來就是適合您這樣的人啊！」

那位中年婦女一聽，竟以為對方在挖苦自己，立刻漲紅著一張臉，氣鼓鼓地快步離開。

爲什麼這位敬業的櫃姐做不成生意呢？說穿了，就在於說話技巧太差，完全不懂得「站在對方的角度說話」。

若是無法摸清顧客心理，不能因人而宜、恰如其分地打動人心，絕對不可能達到理想成績。言語的影響力遠比想像來得大，可以說，一件商品或一項服務的加分減分，往往都與售貨員的說話技巧脫不了關係。

身爲服裝專櫃的售貨員，若是逢人就說：「這件衣服您穿上去，一定更顯年輕。」或許可以滿足部份顧客的虛榮心理，但也可能不知不覺中得罪部分實際年齡並不大的顧客。

所以，與其說語言的運用是一門技術，倒不如說是一種藝術，因爲一句話可以讓人跳，也可讓人笑，端看運用是否高明。

如果不能掌握顧客的心理，不能針對他們的需求切入，無法做到「見什麼人，說什麼話」，便難保不會說出「讓人跳腳」的糊塗話。

面對不同的景況和不同的交談對象，運用最正確的說話態度和語言技巧，往往可以幫助我們快速達成目的。相反的，如果無法掌握說話藝術，非但浪費唇舌，無法達成自己想要的目的，還可能造成彼此誤解，衍生不良後果。

不要以爲說話沒什麼了不起，口氣往往決定你的運氣。細心研讀並靈活應用說話藝術，會增進你的競爭力，使你成爲一個精明的商人、出色的推銷員、成功的企業家，談成別人談不成的大生意。

只要時常模擬現代社會中各種常見的場景，勤加演練，就能用正確的方式增強自己的應對能力，增添自己的魅力與說服力。

用不著痕跡的方式做生意

只一味抱持促銷態度，將使得雙方對話無法成立、延續，甚至讓顧客產生反感。如此一來，想當然爾，什麼生意都做不到。

曾有一位經驗老到的推銷員這樣說：「顧客的鈔票，正是最佳推銷員的『選票』。身為一個推銷員，能賺的錢越多，便說明你越出色。」

然而，賺錢不是一件容易的事情。從別人的口袋裡掏錢，總是會讓對方產生心痛的感覺。所以，一個眞正出色的推銷員，要能夠利用心理戰術，使顧客心甘情願地掏腰包。

設身處地想想，若是你在觀光時順道前往一家商店，才踏進門，所有店員馬上一

擁而上，拿出最昂貴的商品七嘴八舌推銷，必定會讓你內心產生被強迫購買的反感。店員越是熱心，可能激起的反感就越是強烈。

這種推銷能產生好效果嗎？答案絕對是否定的，非但達不到目的，還會適得其反，嚇得顧客從此不願再踏進店內一步，四處告訴別人自己的慘痛經驗。

身爲店員，究竟該怎麼「下手」才好？

此時，店員與顧客的對話，應離開「推銷」兩字，轉而由一些比較輕鬆的、和旅遊相關的、可以引起愉快回憶並拉近彼此距離的事情下手，例如詢問顧客這一趟打算玩幾天、計劃在什麼地方過夜、將拜訪哪些名勝古蹟……等等。

對話可以如此開始：「您是什麼時候出發的啊？打算玩幾天呢？唉呀！既然都大老遠來到這個地方，去了那座最有名的山沒有？還有，我們這裡最好吃的名產也別忘了帶上一點回去，無論是當紀念或者贈送親友都……」

你會驚訝地發現，從旅行時的樂趣切入，成功的可能性比一味猛推銷要高得多。店員能打開顧客的話匣子，而顧客的樂趣、興奮也可傳遞出來，引起彼此共鳴。透過交談，不知不覺達成推銷目的，是非常高明的方法。

或者，也可以用「建議」方式著手，向顧客說：「住七天啊？那您的東西可得妥善分類裝好才行。這個小包正好適合呢！下車欣賞景點的時候可以裝所有隨身物品，還有足夠空間，就算買了紀念品也不用擔心放不下。」

如此，不僅皮包、皮箱和一些輕便隨身小包可望賣出，其他關聯性商品也能搭「順風車」出售。

如果你從事銷售業務，那麼就應該以正確觀念導正自己的做法——只一味抱持促銷態度，將使得雙方對話無法成立、延續，甚至讓顧客產生反感。

如此一來，想當然爾，什麼生意都做不到。

站在對方的立場說話，才是最恰當的銷售方法。畢竟，得先讓別人愛聽你說的話，才可能進一步達到自己的目的，不是嗎？

喊出名字是關係建立的開始

讓陌生人成為朋友，以言語打動他人的兩大原則，就是記住對方的姓名，並真心付出關懷。

人類行爲雖複雜，其中卻包含一個極重要的法則，遵從這個法則行事，就不會惹來棘手的大麻煩，甚至可以得到許多友誼和快樂。

這個永恆不滅的法則，就是「時時讓別人感覺自己的重要」。你若是能準確投合人性最深刻的渴求，就等同在對方的感情帳戶內，存入更多有利於生意成交的資本。

這些人際應對法則，運用到商業經銷領域，重點很明確，就是「讓顧客感到自己備受重視」。

達到這個目的的方法很多，最重要是由兩個面向著手：

●記住名字

名字象徵的意義，不僅僅是表面上的代稱，喊出對方的名字，會讓對方感覺聆聽到世界上最悅耳的音符。

可以說，名字是構成個人身份和自尊最不可或缺的要素。人性天生的本能告訴我們，那些能夠記得自己名字的人，一定相對較重視自己。

所以，要想以言語敲開他人緊閉的心門，與很難打交道的客戶建立關係，最簡單也最有效的辦法，就是記住他們的名字。

每當和陌生人或潛在的事業夥伴進行接觸，一定要想辦法探聽出對方的名字，而且務求正確。然後，在談話過程中，你要盡可能地讓自己一有機會就提及他的姓名，以強調對他的重視。

聰明的人懂得見什麼人說什麼話，而毫無疑問，自己的「名字」是人人都愛聽的話。

發萊是一個沒受過中學教育的人，四十六歲那年當上了美國民主黨全國委員會主席，成功地幫助羅斯福登上美國總統的寶座。

他的成功秘訣是什麼呢？

出乎意料，答案竟在於「能夠叫出五萬人的名字」。

無論什麼時候，只要遇到不認識的人，他都會問清對方的全名、家裡人口、職業以及政治傾向，然後牢牢記住。

下一回再遇到那個人，即使已經過了很長一段時間，仍能拍拍對方的肩膀，問候他的妻子兒女，甚至後院栽種的花草。

做到這種地步，有那麼多選民願意追隨，也就不足爲怪了。

李小姐是一位經驗老到的業務員，剛剛接手一個地區的業務，立刻前往拜訪一位可能的客戶。

走進某企業的辦公大樓後，她直接找到總經理辦公室，非常自信地走向秘書小姐，伸手說：「您好，敝姓李，請問您是？」

秘書小姐自然不得不伸出手說：「我姓張，請問您有什麼事？」

一來一往之間，李小姐巧妙地得到了對方的名字，並在接下來的談話中不斷提及，立刻讓秘書小姐有一種受到重視的感覺，之後，再請她幫忙安排時段，引見總經理，也就容易許多，甚且順理成章了。

無論你是推銷員或業務員，或者店員，在和陌生人打交道之前，請千萬記住——沒有什麼比記住顧客的名字更重要。

•真誠關心

《伊索寓言》中有一句名言：「太陽的溫和炎熱，要比驕傲狂暴的北風，更容易脫去行人的外衣。」

所有在商業社會活動的人都必須認清，顧客絕對不是敵人，更不是討厭的傢伙，而是自己的朋友，或者更直白一點形容，就是自己的「衣食父母」。所以，要做到的很簡單，就是把焦點從「我」轉到「您」身上，把每一個和自己交談的陌生人都當作「朋友」那樣關懷，體會他的喜怒哀樂，解決他的問題，滿足他的需求，說他喜歡聽的話。

只要讓對方覺得你是眞心對他好，當然會讓你得到應有回報——一筆成交的生意和眞正發自內心的感謝。

關心別人，並讓別人明確感受，必須做到：

1. 真誠自然地對他人心存感激。
2. 來到任何一個環境，都不忘向在場的每一個人打招呼。
3. 用熱誠、有精神的態度向人致意。
4. 設身處地去了解、體會對方的困難與需求。
5. 投入時間與精力，為他人多做一些事。

比如，一位孤身在外闖天下的人，常常會在假日或節慶時感覺寂寞孤單。那麼，多打幾次電話，或者請他出來參加聚會，將有如雪中送炭般，足以讓他銘記在心裡。

如果你聽到客戶驕傲地談起孩子在繪畫比賽中獲獎，下次見面前，不妨挑一本好的畫冊或一盒好的顏料作爲禮物餽贈，一點小小心意，將是最好的恭維。做到這種地步，還怕對方拒你於千里之外嗎？

關懷是一條雙向道，在付出的同時得到收穫。你的誠摯關懷將會如同一股暖流，不斷灌入對方的心田，讓友誼的種子生根發芽，結出令人欣喜的果實。

讓陌生人成爲朋友，以言語打動他人的兩大原則，就是記住對方的姓名，並眞心付出關懷。

讚美，讓語言更甜美

善用語言的藝術，可以有效提升自己的推銷技術，鞏固人際交往，但也要小心別誤觸對方的「地雷」。

美國總統林肯曾說：「每一個人都喜歡被讚美。」

身為一位店員或推銷員，或者企業經營者，只要你想做成生意，那麼看到客戶所做的某一件事或所得到的成就值得讚美時，一定要馬上提出來，並且告訴他們，你非常欽佩與讚賞。

要知道，對顧客的成就、特質、財產所做的所有讚美，等同提高他的自我肯定，讓他更感到開心，並增加對你的好感和滿意度。

說一些讚美的話，用不了太多時間與太多精力，可以達到的效果卻超乎想像。不過幾秒鐘的時間，人與人之間的關係與情感就能夠大大增進，甚至是一百八十度的完全扭轉。

眞心的讚美，可以由以下幾種方式著手：

1. 稱讚顧客的衣著。

「我很喜歡你的領帶，搭起來眞有品味。」

「你穿這件毛衣眞好看，襯得氣色非常好。」

2. 稱讚顧客的孩子。

「您的兒子眞是可愛，而且非常懂事呢！」

「您的女兒好漂亮，她今年幾歲啦？上幼稚園了嗎？」

3. 稱讚顧客的行為。

「對不起久等了，謝謝您的體諒，您眞是有耐心。」

「自備購物袋嗎？唉呀！您眞是太有環保概念了！」

4.稱讚顧客自己擁有的東西。

「這輛車保養得眞好啊！出廠很多年了嗎？完全看不出來呢！」

「從這頂帽子看來，您一定是洋基隊的忠實球迷吧！」

以上幾種形式的讚美，往往可以讓顧客感到高興，進而建立起自己的好形象。另外，讚美時，要注意以下細節，避免收到反效果：

1.必須要有實際內容。

沒有實際內容的讚美，聽來會像是嘲弄。比如只說「您好偉大喲」，卻不說原因爲何，就顯得酸溜溜，容易令聆聽者不快。

2.從細節開始。

與其只說某件衣服很漂亮，不如明確地說出漂亮在哪裡，例如「這身衣服很好看，尤其是下襬剪裁，很有修飾身材的效果」，就是一種高明的稱讚。

3.切合當下的環境。

若當時天氣很熱，顧客因爲衣服穿得太多而猛冒汗，一臉狼狽，你就絕對不能說：「哇！這件衣服多漂亮啊！」

人性共同的弱點是期望獲得別人讚美、欽佩、尊重，因此，說話的最高藝術，就是運用口氣替自己創造運氣。只要你掌握人性的共同弱點，將自己的話語裏上一層糖衣，既可以激發對方內心潛在的慾望，更可以滿足對方渴望獲得認同的心理，順利地達成自己的目的。

善用語言的藝術，可以有效提升自己的推銷技術，鞏固人際交往，但與此同時也要小心，別觸犯那些顯而易見的禁區，或誤踩對方的「地雷」。

遭到拒絕，不必太氣餒

口氣決定你的運氣，想成功達成目的，不僅要從對方的角度切入，還要有辦法配合場合，說出最適合的話，這才是真正高明的境界。

「成功的銷售，從拒絕開始。」

別懷疑，這句話一點都沒錯，世界上本就不存在不會遭到拒絕的生意。不管產品品質多好，不管說明多麼詳盡，也不管你的推銷技巧有多麼高明，都不可能徹底打動每一個人，恰好滿足他們的需求。

即便是有意願的顧客，在決定購買之前，仍多少免不了產生懷疑、猶豫不決、困惑之類的情緒。

這就是決定銷售是否成功的關鍵，一個好的推銷員、精明的業務員，會馬上看出讓顧客猶豫的原因，並展開進一步說明。

他們懂得站在對方的立場說話，把話說進對方的心坎裡，同時也會視狀況說出能夠滿足對方需求、解答疑惑的話。

但如此就保證成功了嗎？事實上也並不這麼單純、容易。

因此，若遭受拒絕，不論對方態度是多麼的強硬甚至無禮，你都要告訴自己，不可就此被擊倒，反而應該感到高興——無論如何，自己的銷售技巧總是又向前邁進了一步。

潛能大師傅思．崔西曾經說過：「成功銷售所遇到的拒絕，往往會比失敗的銷售所遇到的多出兩倍。」

那麼，該如何應對拒絕呢？

應該遵守以下兩大原則：

● 用心傾聽

讓顧客輕鬆且盡情地表達反對意見，你才有機會找出被抗拒的原因。

● 表示尊重與讚美

對於顧客的拒絕，千萬不要馬上顯得喪氣或憤怒，而應該說：「這是很好的觀點，非常感謝您能提出來，我們會繼續檢討。」

遭到拒絕之時，千萬不要喪氣，而要據此找出自身弱點，調整銷售策略或表達方式，謀求改進。

處理顧客拒絕或反對意見的話術，可以有以下幾種：

1. 我非常能理解您的感受，最開始，我跟您有同樣的感覺。
2. 您說得非常有道理，不過……
3. 請問，您為什麼會有這樣的感覺呢？

當面對拒絕，應秉持五種正確的應對態度：

1. 不把拒絕當作否定，而看作經驗學習。

2.不把拒絕當作損失，而看作改變方向所需要的有效回饋。

3.不把拒絕當作痛苦，而看作是自己講了一個笑話。

4.不把拒絕當作懲罰，而看作是練習技巧並完善自我的機會。

5.不把拒絕當作受挫，而看作成交前不可少的一部分。

口氣決定你的運氣，想成功達成目的，不僅要從對方的角度切入，還要有辦法配合場合，說出最適合的話，這才是眞正高明的境界，也是值得所有在商場奮鬥的人努力的目標。

多問，釐清對方心中的疑問

無論是單純的疑問或者別有深意的反問、激問，都能協助你釐清顧客的想法，找出導致推銷困難的問題所在。

推銷，簡單來說，就是主體（主動展開推銷的人員）與對象（接受推銷客體者）進行雙向交流的過程。

而在過程中，經常可以發現有些顧客會不加思索地拒絕，根本連接觸都不願意，因此「推銷是從拒絕開始」絕對半點不假。

身爲一個推銷員，遇到這種情況，該怎麼辦呢？

眞正稱職且高明的推銷員，不應「退避三舍」，而應「迎難而上」，這種時候，巧妙設問的技巧，就成了掌握成敗的關鍵。

提問，可以消除雙方的強迫感，緩和商談氣氛，並藉以摸清對方的底牌，也讓對方了解「我」的想法。除此之外，還可以確定推銷進行的程度，了解顧客的障礙所在，尋找最適合的應對措施，反駁並澄清歧見。

提問無疑是推銷應對中最有力的手段，一定要熟練掌握、運用。

當我們聽到「不要」、「今天不買」、「再說吧」等推託詞，便應使用「問」的技術，找出隱藏在拒絕之後的眞正因素。

通常，推銷會遭到拒絕，探究顧客的想法，多不脫以下幾種原因：

1.時機不理想。

2.價格超出了預算，無力負擔。

3.不喜歡推銷員的表現。

4.素來就對這個品牌或製造商沒有好感。

5.已經訂購了性質、功能相同或類似的產品。

6.真正無意購買。

拒絕並非完全無法「擊破」，針對以上幾種情形，分別可以透過以下方式設問，以求了解實際情形：

1.您是不是認為目前沒有必要買？

2.價錢方面是否滿意？

3.關於我的說明，有沒有不清楚、需要進一步了解的地方？

4.您認為這種款式如何？

5.您是否已經向其他公司訂購了呢？

6.對這個商品，您不感到興趣嗎？

如果遇到顧客直接拒絕推銷，而且態度堅決，不妨針對提出的反對意見，採取直接詢問來突破困境，先了解眞實想法，再求對症下藥。

顧客：「實在太貴了！」

推銷員：「那麼，您認爲怎樣的價格較合理呢？」

一旦顧客講出自己所認定的合理價錢，就要馬上從專業的角度進行澄清，例如由產品功能、品質及售後服務切入，強調定價的合理性，說服對方接受。

此時，大可繼續運用設問法，達到「誘導」功效，例如可以說：

「的確，兩萬元不是筆小數目，可是這種產品的平均壽命都在十年以上，如此平均下來，只要一天省下少部分錢就可以了，不至於造成沉重負擔。」

「您所考慮的是價錢問題吧？不過換個角度想，一分錢一分貨，不是嗎？此外，既然是好東西，就值得早一步投資購入，早一點享受。優惠是有時限的，一旦錯過，以後想要再碰到就不容易了。相信我，這絕對划算。」

問的方式有很多，無論是單純的疑問或者別有深意的反問、激問，都是推銷時的好幫手，能協助你釐清顧客的想法，找出導致推銷困難的問題所在。如此一來，再透過言語對症下藥，效果當然更好。

講究說話態度，才能打動客戶

說話不僅是在交流資訊，同時也是在交流感情。抱著執行例行公事的態度，說出來的話是沒有情感的，除非打從心底說出口，否則不可能打動顧客。

服務用語是推銷工作的基本，怎樣使每一句服務用語都發揮最佳效果，就得看推銷員講話的藝術性。

服務用語不能一概而論，應該根據推銷性工作內容的服務要求和特點，靈活地掌握。

推銷中常用的基本用語很多，這裡列舉數例：

1. 迎客時說「歡迎」、「歡迎您的光臨」、「您好」。

2. 對他人表示感謝時說「謝謝」、「謝謝您」、「謝謝您的幫助」。

3. 接受顧客的吩咐時說「明白了」、「清楚了，請您放心」。

4. 不能立即接待時說「請稍候」、「麻煩您等一下」、「馬上就來」。

5. 對在等候的顧客說「讓您久等了」、「對不起，讓您們等候多時了」。

6. 打擾或給顧客帶來麻煩時說「抱歉」、「實在對不起」、「打擾您了」、「給您添麻煩了」。

7. 由於失誤表示歉意時說「很抱歉」、「實在很抱歉」。

8. 當顧客向你致謝時說「請別客氣」、「不用客氣」、「很高興為您服務」、「這是我應該做的」等。

9. 當顧客向你致歉時說「沒有什麼」、「沒關係」、「算不了什麼」。

10. 聽不清楚顧客問話時說「對不起，請您重複一遍好嗎」。

11. 送客時說「再見，一路平安」、「再見，歡迎您下次再來」。

12. 當要打斷顧客的談話時說「對不起，我可以佔用一下您的時間嗎」、「對不起，耽擱您的時間了」。

在推銷接待過程中，使用禮貌用語應做到自覺、主動、熱情、自然和熟練。把「請」、「您好」、「謝謝」、「對不起」等最基本禮貌用語與其他服務用語密切結合起來，加以運用，將會使進展更順利。

推銷員該如何正確使用禮貌服務用語？

歸納起來，大致有以下幾點，值得我們在運用中特別注意：

1.注意儀態。

每一個推銷員都應注意說話時的儀態。與顧客對話時，首先要面帶微笑地傾聽，並透過關注的目光進行感情的交流，或透過點頭和簡短的提問、插話，表示你對談話的注意和興趣。

爲表示對顧客的尊重，一般應站立說話。

2.注意選擇詞語。

在表達同一種意思時，由於選擇詞語的不同，有時會有幾種說法，由於方式不同，往往會給顧客不同的感受，產生不同的效果。

例如，「請往那邊走」使顧客聽起來覺得有禮貌，如把「請」字省去了，變成「往那邊走」，在語氣上就顯得生硬，變成命令，這樣會使顧客聽起來感到刺耳，難以接受。

另外，在服務中，要注意選擇客氣的用語，如以「用飯」代替「要飯」，用「幾位」代替「幾個人」，用「貴姓」代替「您姓什麼」，用「去洗手間」代替「去大小便」，用「不新鮮，有異味」代替「發霉」、「發臭」，用「讓您破費了」代替「按規定要罰款」等等。

這樣，會使人聽起來感到文雅，免去粗俗感。

3.注意語言簡練。

在推銷過程中，與顧客談話的時間不宜過長，因此需要用簡練的語言進行交談。交談中，推銷員如果能簡要地重複重要內容，不僅表示對話題的專注，也使對話的重點得到強調，使意思更明白，減少誤會。

4.注意語言音調和語速。

說話不僅是在交流資訊，同時也是在交流感情。

複雜的情感往往透過不同的語調和速度表現出來，如明快、爽朗的語調會使人感到大方的氣質和親切友好的感情；聲音尖銳刺耳或說話速度過急，使人感到急躁、不耐煩的情緒；有氣無力，拖著長長的調子，則會給人矯揉造作或虛弱之感。

因此，與顧客談話時，掌握好音調和節奏是十分重要的，應該透過婉轉柔和的語調，創造和諧的氣氛和語言環境。

基本服務用語是推銷服務人員的基本功，抱著執行例行公事的態度，說出來的話是沒有情感的，除非打從心底說出口，否則不可能打動顧客。

善用電話，對客戶說些好聽話

在顧客喜歡的時間，用他們喜歡的方式，說些好聽的話，才能夠如願收到打動人心的效果，為自己的成功鋪路。

在通訊軟體發達的現代，一位優秀的推銷員或業務員，每達成一筆交易，都應該運用各種形式，明確向客戶表示自己的謝意，而且最好不只一次，要透過不同的媒介進行。

目的很簡單，就在使客戶感到高興，進而為下一次生意打下根基。

最常見的致謝方式是感謝函。感謝函的撰寫方式，可以參考下列範例：「某某先生小姐您好，感謝您選擇了我們的產品。以後的使用當中，若有任何疑問或者有什麼需要我爲您服務的，請隨時告知，我一定全力以赴。再次地感謝您，祝您愉快。」

另外，做成一筆生意後，不僅業務人員本人該打個電話感謝，還可以視交易內容重要性，彈性決定是否該請老闆親自表達感激。

曾有不止一位企業家表示道：「每當接到提供服務的業務員或公司老闆打來的感謝電話或訊息，我總是非常感動。當然，我也會因此更願意與那家公司繼續合作。不爲什麼，就因爲這樣的話人人愛聽啊！」

美國一家家電用品公司總裁萊里．哈托，在這一方面的表現便非常出色。他會親自撥電話給每一位重要客戶，向他們說：「您好，我是某某公司的總裁，非常感謝您願意與我們進行生意合作。您絕對是敝公司最重要的客戶之一，若是對服務或產品有任何意見，或有問題需要討論，都歡迎隨時打電話給我。」

萊里．哈托甚至會直接告訴客戶自己的電話號碼，表明歡迎聯繫。

你可能不相信或不認爲一位總裁的電話可以產生多大影響，因爲從來不曾接過類似的電話，但可絕對別小看了言語和身分相輔相成後，可以產生的威力。不妨想像一下，若今天你身爲消費者，接到一位總裁親自打來的電話或傳來訊息，內容先是感謝，而後又殷切詢問是否對產品或服務感到滿意，那種窩心的感覺，絕對足以給人極好的印象。

展開言語溫情攻勢前，別忘了詢問客戶究竟喜歡什麼樣的聯繫方式，是電子郵件、軟體訊息，還是電話呢？同時你還要愼選恰當的時間，如果可以，儘可能避開清晨、深夜、上下班時間，避免造成困擾。

每一位客戶的個性都是獨特的，有差別的，所以在表示感謝之前，最好先了解對方喜歡的聯繫方式和時間，以免產生反效果。唯有在客戶感到方便的時候，按照他們喜歡的方式進行聯繫，才會讓他們以更喜悅的心情和友善的態度接受你的善意。

在客戶喜歡的時間，用他們喜歡的方式，說些好聽的話，更才能夠如願收到打動人心的效果，爲自己的成功鋪路。

做不成生意，也要心存謝意

現實社會中，絕對能用正確方式將成功奪到手。用誠懇的態度對客戶說好聽的、他們會感動的話，你就會成功。

無論是基層業務員，或者高層的領導者，想成爲優秀商人，不僅要感謝現在購買產品或服務的人，還應當同樣感謝那些沒有購買的人。

每個人都是值得感謝的，不是嗎？應該感謝他撥出時間與你見面，感謝他接聽你的電話，感謝他聽你的產品介紹。此外，感謝他們讓你知道了不買某樣產品的原因，讓你看出自己與別人的差距在哪裡。

做不成生意，也要心存謝意。寄封感謝函給選擇不跟你買東西的人，可以的話，儘量跟他們保持聯絡。

別以爲這些都是白費工夫，要知道，跟那些潛在客戶做成生意的競爭對手，服務很可能沒有這麼周到。過了一段時間之後，若是競爭對手轉行或表現不佳，你便能成爲最具希望的替補人選，接手這一門生意。

這一切，都是言語溝通所達到的妙用。

頂尖的銷售訓練大師湯姆．霍普金斯始終保持一個習慣，就是隨身攜帶大小約等同一張相片的謝卡，平均每天要寄出五到十封的感謝函，給不願意參加他所舉辦研討會的人、拒絕投資錄音帶訓練課程的企業主，以及其他人。

想想，以一天寄出十封感謝函計算，一年就等於要寄出三千六百五十封，十年呢？就是三萬六千五百封了，多麼驚人的數字啊！

對此，他深感得意地說：「每寄出一百封感謝函，平均能做成十筆生意。也就是說，每一百名潛在客戶，在接受我誠摯感謝的情況下，有十位會改變心意，成爲忠誠的會員。可以想像一下，連續將這項技巧運用一整年，最少可以爲自己增加多少收入？它足以讓你成爲眞正的商場贏家。」

「根本不用耗上多少力氣，你只需要提起筆，花大約三分鐘時間寫下一些發自內心感謝的話，然後貼上一張郵票，寄出去。從今天開始做，因爲結果不會馬上就顯現，而是於不知不覺中爲自己奠下深厚根基。」

湯姆．霍普金斯不僅是全美第一的銷售訓練大師，更是世界房地產銷售紀錄保持者，他的事業成功來自於不斷開發新客戶，以及有效吸引舊客戶回頭。他說：「你所見到的每一個人都有可能成為自己的客戶，帶來源源不絕的財富，關鍵在於究竟該如何爭取。」

現實社會中，很少有一蹴可幾的成就，但絕對能用正確方式將成功奪到手。用誠懇的態度對客戶說好聽的、他們會感動的話，你就會成功。

PART 2

只要方法正確，就能有效取悅

只要方法正確，大部分的顧客很容易感到愉悅。請先讓禮貌成為你的外貌，再使用適當的說話方式，面對每個不一樣的人。

出色溝通，少不了真心尊重

每個人都希望自己的特點和風格能受人接受並得到重視，用尊重態度待人，絕大多數溝通難題都能迎刃而解。

同樣一件事，用兩種不同的話語表達，最後的結果往往南轅北轍。如果你可以在言談間看穿對方正在想什麼，便可以巧妙地說出他最能接受的話，牽引對方的心思往自己設定的方向走。

與客戶溝通一定要掌握適切標準，不該說的別說，不該做的別做。

無論如何必須牢記一點：客戶不是你的朋友，也不是同事，因此在尺度的拿捏上更需要注意。

一般說來，與客戶溝通時，要注意以下幾方面：

●注意交談的內容與方式

與客戶交談，一定要注意對話內容與方式，爲了便於溝通，可以在不觸犯隱私的範圍內適當地談點私人話題，或者對他來說比較重要的事情，以求拉近雙方的距離。如果不注意與客戶交談的內容與方式，不能把握好應有的分寸，就有可能因爲溝通不當導致負面結果。

例如，對方與你談及滑雪的技術和他對滑雪的喜愛之時，就算你本身對此一竅不通，或者根本打從心底討厭下雪和寒冷天氣，也應該表現出的禮貌與熱情，專心聆聽。

●避免使用尖刻的言語

一對夫婦在一家店裡挑選手錶，選來選去，總是拿不定主意。

東挑西選後，兩人好不容易看上一只手錶，便向店員詢問價格。

沒想到，店員有些不耐煩了，竟然如此回答：「對你們來說，這只手錶明顯太貴了。有些人就連買一只一百元的手錶也要討價還價，但也有些顧客，即便看上的是一只一萬元的手錶，眉頭也不皺一下。你們應該明白，我願意為哪種顧客服務。」

聽完這番話，夫婦倆放下手錶，忿忿地離開了那家表店。

不妨思索一下，這位店員的言語得體嗎？

相信答案絕對是否定的。過於尖刻的言語會得罪上門的客戶，將到手的生意推出去，怎麼看都不划算。

●表達意見時，充分讓對方理解

有一次，一家美國公司向日本某企業進行推銷。從早上八點開始，美國公司的業務代表詳盡地介紹他們的產品，利用投影機把所需的圖表、圖案、報表打在螢幕上，熱情洋溢地宣傳著。

兩小時後，介紹終於結束，美國代表用充滿期待和自負的目光看著台下的三位日本商人，問道：「你們覺得如何？」

第一位日本人笑了笑，搖了搖頭說：「我沒聽懂。」

第二位日本人也笑了笑，跟著搖了搖頭。

第三位日本人什麼也沒做，只無奈地攤開了雙手。

美國代表大受打擊，面無血色，只見他無奈地靠著牆，有氣無力地說：「這是為什麼呢？」

爲什麼近兩個小時熱情洋溢的辛苦介紹，最終毫無效果？

答案其實很簡單，因爲美國人只單方面地按照自己認爲合理的表達方式去做介紹，並沒有顧慮到對方是否能夠接收並理解，因而導致了「鴨子聽雷」的狀況。所以，在與客戶溝通的時候，一定要確認自己的表達能夠得到對方的充分理解，以確保溝通的效用。

●尊重對方

每個人都渴望受到尊重，在商場上更是如此。

因爲沒能付出應有尊重，導致破壞了溝通的氣氛，相當不值。

爲了確保合作愉快，一定要把你的客戶當作重要人物來對待，讓他們體會到，你確實付出了特別的尊重，更看重彼此的合作。讓他清楚，你時時把他擺在重要位置。

如此一來，對方的自尊心得到了滿足，自然樂於再次合作。

不僅只有商場，現實生活中的狀況也是同樣，每個人都希望自己的特點和風格能受人接受並得到重視，都渴望獲得來自他人的尊重和信任，不願被等閒視之。用尊重態度待人，絕大多數溝通難題都能迎刃而解。

用誠懇道歉化解顧客的抱怨

化解顧客抱怨的不二法門，就在於用最快的速度表達歉意，聆聽顧客需求，並做出迅速確實的反應。

你是否發現了一個現象？抱怨，不僅是顧客的專利，同時也是顧客的愛好，即使你已經將服務做得非常好，仍不可能完全避免。

既然如此，就應該學習用正面、積極的態度看待，並嘗試用較好的言談與態度加以化解。

其實，聽到顧客抱怨是件好事，因爲換個角度想，它其實表示了顧客願意跟你來往，讓你理解他們的想法，當然，也就極有可能繼續跟你做生意。

你也可以藉由聆聽顧客的抱怨來改善自己的產品或服務品質，提升競爭力，從而贏得更大的市場。

許多人不知道，事實上，不抱怨的顧客才是眞正的「隱患」。

據美國一家知名研究機構的調查，遭受到不滿意的服務，有九十六％的顧客不會當場提出抱怨，但這代表諒解或不在意嗎？當然不是。他們會換個方式，把自己的不愉快經歷告訴其他所有的人。

世界一流的銷售訓練師湯姆．霍普金斯說過：「顧客的抱怨，是登上銷售成功的階梯。它是銷售流程中極為重要的一個環節，而你的回應方式，則將直接決定結果的成敗。」

必須學習能夠有效處理顧客抱怨的正確話術，以下，是一些技巧策略與範例：

●範例一

顧客：「你們的產品品質太差了，根本就不能用！」

售貨員：「先生，眞的非常抱歉，可以請您告訴我是碰上了什麼樣的狀況嗎？讓我看看該如何彌補您的損失。」

- **範例二**

顧客：「你們的辦事效率太差了！」

業務員：「眞的很抱歉，您的心情我非常了解。感謝您的提醒，這種事情不會再發生了，我們一定會徹底改進。」

- **範例三**

顧客：「你們的價格也未免太高了吧！」

店員：「一開始我也跟您一樣，覺得價格太高了，可是在我自己使用過之後，就發覺到價値所在。這個定價是很値得的，一分錢一分貨，請您相信，買了之後絕對不會後悔。」

- **範例四**

顧客：「你們的客服電話總是沒人接，叫我怎麼相信你！」

業務員：「對不起，實在非常抱歉，我想可能是正好碰上什麼事情，或者因爲已經是下班時間。以後有任何需要，您可以直接打手機跟我連絡，我一定會用最快的速度幫您解決。至於這件事情，我也會向公司反應的，謝謝您。」

看完以上範例，相信你應了解到表達歉意，理解原因，進一步找出補救方法，便是化解抱怨的不二法門。

成功化解顧客的抱怨，就等於爭取到一筆更穩固、更寶貴的生意，價值無可比擬。所以，你必須用最快的速度向顧客表達歉意，聆聽顧客需求，並做出迅速確實的改進。

面對不滿甚至憤怒的顧客，誠懇的道歉就是最好的話語。

善用誘導讓顧客掏出腰包

採用誘導式的說話方式，目的就在於讓顧客不感到壓力與排斥，在根本不自覺的情況下，乖乖掏出腰包，將鈔票送到商家的手上。

一般而言，推銷員推銷商品的過程，只有一段短短的時間。在可能不過數分鐘的時間裡，你說出的話若能留住顧客並打動他的心，生意就算成交；留不住，買賣自然也就吹了，什麼都不用再談下去。

此外，在市場競爭中，該如何突出自己，把顧客吸引到身邊？答案很簡單，就是與眾不同的鮮明語言。一切的一切，都在要求推銷人員以具強烈誘惑性和渲染色彩的方式對顧客說話。

試著學習從言語中抓出重點，是提升說話技巧的好方法。

你可曾注意過？在大清早的市場上，魚販子的喊叫，最初可能是「來買活魚，全都是新鮮的喔」，並設法極力突出「新鮮」二個字。但是，到了下午，眼看即將收攤，則可能變成「快來買呀！別地方沒有的便宜價錢唷」，此時，則在突出便宜這個重點。

推銷過程中，採取「誘」的技巧方式有很多，基本說來，可分爲「層層誘導」和「定向誘導」兩種。

●層層誘導

層層誘導，是指業務員根據顧客的購買心理，掌握推銷導向，不斷誘惑人的一種發話技巧。

無論是選擇逛商店、看電影，很多時候往往是因爲情緒的驅使，而非一定基於什麼特別的購買目的。當這一類的潛在消費者上門，最好適時送上一句：「歡迎看看喔！不買也沒有關係。」

邊這樣說，邊拿出商品展示，引發更進一步了解的興趣。

然後，當顧客開始試穿或試用的時候，一定得再補上幾句得體的誇獎，諸如：「這顏色多適合您啊！襯得氣色非常好。」

從心理學的角度來看，人都喜歡接受他人的尊重與讚揚，推銷過程中，適時的奉承可以使顧客感到滿足。這時，伺機告知價格，並表示正有優惠活動，將可望激起購買慾望。

若是順利成交，別忘了再說上一句：「您眞有眼力，很識貨啊！」

層層誘導的發話藝術，必須遵循一個原則——不讓對方感受壓力，輕輕地、一層一層地推動，誘入推銷導向，促使完成購買行動。

- **定向誘導**

定向誘導，是指店員有目的地誘導顧客，以做出定向回答的技巧。

例如，有一家專賣漢堡的早餐店，因爲生意很好，特別雇用了兩名店員。其中一人在接待顧客時，會問：「請問您要不要加雞蛋？」

另一人則不同，他會問：「請問您要加一個蛋，還是兩個蛋？」問話的方式不同，造成的結果就會完全不同。哪一個店員能賣出較多的蛋，達到較高的銷售成績呢？答案幾乎不言可喻。

第二種發話方式，就屬於標準的「定向誘導」。

「要不要加雞蛋」這一句話充滿了不確定性，而「加一個還是加兩個蛋」正好相反，有非常明確的定向，可以有效誘導顧客，提高擴大銷售的目的。

說話要看對象，當然也要看情況。

採用誘導式的說話方式，目的就在於讓顧客不感到壓力與排斥，在根本不自覺的情況下，乖乖掏出腰包，將鈔票送到商家的手上。

誘導用得巧，生意自然更好

假若你是推銷員，能不能熟練地運用「誘」的技巧，達成目標？如果沒有把握，請從現在開始揣摩，並訓練自己。

讓顧客不知不覺、心甘情願地購物，正是誘導技巧的高明處。

日本豐田汽車公司旗下的一名推銷員，在美國底特律汽車市場，面對一群徘徊猶豫的顧客，是這樣說的：「現在油價居高不下，買轎車當然不怎麼合算。說老實話，我上個月才為此買了一輛自行車，打算以後靠騎車上下班，省下那一筆嚇人的油錢開支。」

「買車之後的第二天，我便興沖沖地跨上它，往辦公室出發。沒想到路程竟然比想像遙遠許多，花上整整兩個小時才到公司！我的天哪！一進辦公室，我就癱在桌前，根本沒有力氣走動。」

「熬到下班，又是一場折磨的開始。全身骨架已經跟散了一樣，拖著沉重的腳步走到門口，才想起還得要頂著風騎車回家去。那個當下，我傷心得簡直想要大哭一場。」

「於是，我明白了一個真理——無論如何，一台代步的轎車都絕不能少。既然如此，那就買省油的車吧！本公司的車向來以省油出名，而且價格便宜，絕對是最實惠的選擇。」

一席話說得顧客紛紛稱道，銷路由此大增。

又例如，某一天，一位客人來到一家繡品商店，想要為新婚的好友購買一床繡花被面作為贈禮。

對著店內五彩繽紛的繡花被面看了半天後，他終於挑中其中一床繡有一對白頭翁的被面，但再仔細一瞧，又顯得有點猶豫，自言自語說：「這一對鳥很漂亮，但就是嘴巴太長了一點，感覺像是夫妻吵嘴，不太適合。」

店員聽到後，立刻笑瞇瞇地說：「您看見了嗎？這兩隻鳥的頭頂是白的，象徵夫妻白頭偕老。嘴巴之所以伸得長，是因為牠們在說悄悄話，相親相愛的表示，很喜氣的。」

這位顧客一聽，頓時放下心中的石頭，連連點頭說道：「有道理，有道理！」高高興興地掏錢買下了這床繡花被面。

汽車推銷員用自己的切身經歷誘導顧客，具有很強的渲染力，難怪大家願意當買轎車的「傻瓜」。一床繡花被面，顧客愛不釋手，但對構圖心存疑慮，店員適時進行定向誘導，扭轉顧客心中的既定認知，自然說得對方點頭稱是。

以上兩個故事，都是「把話說到對方心坎裡」的最好例證，聽來雖然再簡單不過，卻含有相當的技巧。

假若你是推銷員，能不能熟練地運用「誘」的技巧，達成目標？

如果沒有把握，請從現在開始揣摩，並訓練自己。

運用對比，增強自己的說服力

任何一種商品都有優點，自然也免不了有弱點，因此，在採用對比手法推銷自家商品時，首先要注意以事實為依據。

俗話說「不怕貨比貨，就怕不識貨」，套用在商業交易上，展開推銷的時候，除了說明，不妨再用同類產品或假冒的偽劣產品進行對比，讓客戶在過程中感受到差別，再以言語推波助瀾，絕對可有效增加說服力。

一名顧客向售貨員說：「你們的產品實在太貴了。」

推銷員一聽，笑著搖頭：「不會的，一點也不貴。您看，這是維修中心的統計表，我們所售出的產品，維修次數不過只有同類產品的十分之一。因此，絕對有一定的水準保證，非常值得。」

三言兩語便化解了疑慮，同時進一步肯定自家產品的品質，非常高明。

善用「比」的推銷術，特別能夠突顯差距，使顧客看清購買後可能得到的利益，增加對推銷員本身以及品牌的信任感。

以下這一段對話可供參考：

「這價格太貴了！」

「怎麼會呢？那您認為如何定價比較合理？」

「我有看到同樣的東西，才賣一千四百元呢！」

「請問是哪一家的產品？」

「就是最近剛上市的某某牌。」

「唉！您知道那個牌子為什麼可以只賣一千四百元嗎？我告訴您吧！與我們的產品相比，他們無論是功能、品質，甚至是售後服務，都完全不如。一分錢一分貨，之所以能夠把價錢壓低，當然是因為……」

任何一種商品都有優點，自然也免不了有弱點，因此，在採用對比手法推銷自家商品時，首先要注意以事實爲依據，千萬避免言過其實，否則萬一謊話被揭穿，場面將非常難堪。

其次，對於同類商品的弱點，未必需要直接攻擊，也可以改由另一個角度進行解說，力求能既符合事實，又掌握分寸。如此，將可望成功達到把商品推銷出去的最終目的。

連說帶演，效果更明顯

推銷商品時，先讓顧客們盡情嘗試，再以動聽的言語打動，是征服不安和懷疑心理的妙招。

有的問題，僅憑三寸不爛之舌還是難以說明白，這時候，就該採用實物、圖片、模型加以說明示範，以求充分展現商品魅力。

生動的演示配上動人的言語，將使推銷更具吸引力和說服力。

一位推銷員走進客戶的辦公室，打過招呼以後，指著一塊沾滿污垢的玻璃，有禮貌地說：「請允許我用帶來的清潔劑擦一下。」

結果，由於毫不費力便把玻璃擦乾淨，立即引起了客戶的興趣，一筆生意自然手到擒來。

一個推銷員是這樣演示自己所推銷的產品：

「太太，請您注意聽一聽。」他一面說，一面掏出打火機點火。

「能聽到打火機的聲音嗎？聽不清吧！這台的縫紉機發出的聲響，就和這個打火機的聲音一樣大。所以，您根本無須擔心，我們公司所生產的縫紉機，無論品質或功能都堪稱獨一無二。」

以打火機點火時的聲音比喻，說明自家縫紉機聲音極小的優點，從而吸引顧客點頭購買，是生動且高明的招數。

某公關諮詢公司的章先生，到傢俱商場去推銷一項計劃，一張口就吃了「閉門羹」，經理直接拒絕了邀請。儘管尷尬，章先生卻只是笑笑說：「沒關係，那我就當您的顧客，走走逛逛吧！」

經理不能不表示歡迎，於是帶著他四處參觀。看過所有商品之後，章先生指著一張進口床，詢問銷路如何，經理歎道：「不怎麼樣，可能因為是新品牌吧！顧客最開始總是不太敢下手訂購。」

章先生一聽，立刻出了個「點子」：在樓梯口放一張床，再豎立告示牌，上面寫著「踩斷一根簧，送您一張床」。

經理也覺得很有趣，便高興地照辦了。

結果，顧客進店先踩床便成為該商場最特別的「銷售即景」，人們聞訊而至，爭相蹦踏，笑聲不息，效果可想而知。

幾天之後，經理主動宴請章先生，表示願意加入公關計劃。

美國化妝品女王艾絲蒂，一九六〇年代致力於擴展歐洲市場，卻總是不斷被那些高級商店拒絕，相當不順利。

一天，她來到巴黎拉德埃百貨公司門口，正好遇到下班時間，購物的人潮摩肩接踵。眼見機不可失，她當即狠下心來，把隨身攜帶十多瓶「青春的潮氣」香水全部倒在地板上。

很快，百貨公司內便香味撲鼻，芬芳四溢，許多顧客都被吸引過來，艾絲蒂趁機以三吋不爛之舌展開介紹，大肆宣傳。

她的舉動引起了人群中一位記者的注意，便在第二天的報紙上寫了一篇專門報導。從此，艾絲蒂的香水在巴黎名聲震響，一路暢銷。

透過這些例子，我們可以歸納出一個結論：推銷商品時，先讓顧客們盡情嘗試，再以動聽的言語打動，是征服不安與懷疑心理的妙招。

只要方法正確，就能有效取悅

只要方法正確，大部分的顧客很容易感到愉悅。請先讓禮貌成為你的外貌，再使用適當的説話方式，面對每個不一樣的人。

一個推銷員不但要有良好的專業知能，而且還必須掌握幾種絕招，才能在商場上遊刃有餘。

以下有四項絕招，強大的潛在效果往往被忽略，可是一旦做到了，甚至成爲習慣，效果便相當驚人。雖然一時可能得不到明顯的回饋，累積個幾次，良好的效應便會在客戶心中滋長。

- **微笑**

在顧客面前，流露出自然而甜美的微笑，不僅給人親近、友善、和悅的感覺，也讓人在心中留下美好難忘的第一印象。留下美好的第一印象，就是踏出成功的第一步。

微笑的技巧是要掌握分寸，淡淡一笑，眞誠的態度，微微地點頭，既不能做作，也不應過分，出自內心的笑容才是自然的。

一次完美的微笑，可以讓對方感到親切，進而產生好感，下一步的銷售活動就可順利地進行了。

●傾聽

傾聽是對發言人的尊重與禮貌，對談話內容有興趣，同時表示聽話人的誠意。傾聽對發言人來說，使他滿足了發表欲；對一個心中有苦悶的人來說，不僅發洩了積怨，進而會將對方看作「知己」。

傾聽，對於一位不滿的顧客更是重要，推銷員必須誠意地傾聽，才能使顧客心悅誠服，化抱怨爲祥和。

傾聽的技巧如下：

1.眼睛要注視對方，眼睛除能看物外，還會產生感情，用這種感情與顧客互相交流，效果最好。

2.臉部要表示出誠意與興趣，無論對方談話內容如何，必須真誠、有興趣地聽下去，使對方引為知己。

3.對方未說完話不可中途打斷，就算有意見或疑問，也別在對方尚未說完時插嘴，這是最不禮貌且易惹人反感的。

●讚美

到一個陌生的環境中，可以環顧四周，然後適當地加以讚美，例如「哦！您的房間真乾淨、清爽」、「您家的擺設淡雅舒心」、「實在富麗堂皇」、「非常古香古色、幽雅大方」等等。

讚美必須由遠而近，從物到人，由衷地發自內心，不能強裝、做作，更不能阿諛奉承。

成功推銷員的共同特點，就是引起顧客的好感，接下去什麼事都好商量。

●多說「請」和「謝謝」

不管感謝任何人所做的任何事，都會讓客戶的自我肯定度上升，你會讓他覺得自己更有價值也更重要。

同時，自己也會得到好處。每次你向客戶表達感謝時，你的自我肯定度也會隨之提升，你會覺得更加快樂、覺得更有自信及勇氣，會覺得做事更有效率和效果，對自己的成功更有把握。

一定要養成隨時隨地感謝他人所做所為的習慣，對客戶的禮貌一定要真誠。你是否有禮貌，別人一清二楚，你不僅要對客戶有禮貌，多說「請」或「謝謝」，同時也要對客戶公司上下每個人都保持禮貌。這種舉止行為，讓客戶在公司同事面前覺得有面子，客戶會很高興你這樣做。

或許，過分的禮貌會讓你覺得自己像是個小學生，或許看起來有些老套，而且顧客也未必像你一樣有禮貌，但是你要了解，禮貌本來就不是顧客的職責。中國有句俗話說「禮多人不怪」，需牢記在心。

「請」和「謝謝」是與顧客建立密切關係以及提高顧客忠誠度的有力言辭，這些話不僅容易說出口，也非常值得努力去說。

你與顧客的關係永遠要保持和諧、融洽，爲了創造互相愉悅的環境，多說「請」和「謝謝」，就是一種非常好的方法。

其實，顧客並不難取悅，只要方法正確，大部分的顧客很容易感到愉悅，只有極少數是徹底不可能被取悅。

人際交往的最高原則就是求同存異，每個人都有他的獨特之處和人格魅力，我們要學會欣賞每個人的不同之處，了解他們。

禮貌是最容易做到的第一步，請先讓禮貌成爲你的外貌，再使用適當的說話方式，面對每個不一樣的人。

一旦說出口，就要信守承諾

產品銷售，需要成功的廣告和宣傳手段，但最能打動人心、最受顧客歡迎，還是可靠、守信的態度和服務，真誠易感動人的言語。

作家惠特尼曾經如此寫道：「說好一句話，有時候比做好一件事更容易獲得別人的重視。」

這個說法同樣適用在商業場合。在注重自我行銷的商業社會裡，說話已經成爲專門藝術，說話的能力決定一個人擁有多少好運氣。

不過，千萬不要輕易許諾，因爲一旦許了諾言，便無論如何都要信守。必須在顧客心中留下遵守諾言的印象，這樣，自身的產品與服務才會受到注目。

信守諾言是一種美德，但有許多人對自己說過的話根本不在乎，不當一回事。結果，當然因爲不負責任，在顧客心中留下極差的印象。

如果你說過要做某件事情，就一定得辦到，要是辦不到，或覺得可能得不償失，或根本不願意去做，就絕對不可以開口承諾。若是沒有把握，大可以找一些藉口來推辭，千萬不要說「我試試看」，要知道，說了試試看而又沒有做到，留給對方留下的印象絕對不可能有多好。

你的信用能否給予顧客良好印象？

你是否信守自己的諾言？你是否總太輕易許下承諾？

你值不值得他人委以重任？還是說，總忘掉別人委託之事？

當顧客打聽公司產品的相關資訊時，你傳達了多少錯誤消息？或者，顧客向你索取樣品，種種關於宣傳的簡介，你卻提供根本不實或過期的資料？

無論以上哪一種，都是非常要不得的行爲。

信守約定，聽來似乎簡單，眞正做起來卻相當困難，只要稍有疏忽，就可能無法兌現。有時候，你可能自作聰明地認爲別人不需要你的服務，或抱有僥倖心理，認爲顧客一定能夠原諒自己犯下的疏失，種種心態都明白顯示了自身的投機、消極，只會讓人更加看不起。

這樣的態度，無論作爲領導者或者小店員，可能受到顧客信賴嗎？說出來的話，能夠打動他人嗎？非常值得懷疑。

和顧客面對面交談時，千萬別輕易許諾，而一旦許了諾，便絕對遵守。

秉持這樣的態度，顧客就會被你打動，認爲你是一個守信者，從而產生信賴、依靠，相信並願意聆聽你說出的每一句話。如此，在生活中、在商場上，自然戰無不勝，攻無不克。

不論在任何場合，自身信用越好，就越能成功地將服務或產品推銷出去，從而開拓更多客源，累積更豐厚人脈。

所以，你必須重視自己說過的每一句話，講話算數的人總是比較容易在社會立足，而食言則是最不好的習慣。

不管你推銷什麼產品，不管你使用的推銷策略如何，都要對自己所說的話負責，藉行動說服顧客，讓他們親眼看到你的所做所爲全出於他們的利益。爲了遵守諾言，你必須暫時放棄自身利益，以誠實可信、值得尊重的面孔出現。

在推銷服務或產品時，你是否信守承諾？如果以前沒有，請從現在開始執行，你將發現自己的成績比以往更好。

產品銷售，需要成功的廣告和宣傳手段，但最能打動人心、最受顧客歡迎的，還是可靠、守信的態度和服務，以及眞誠易感動人的言語。

一肩承擔所有的風險

說出假話，或者做出有漏洞且不真誠的保證，可能帶給自己的傷害，絕對比不做任何保證更大。

要消除顧客購買之後可能擔負的心理或情緒風險，最好的方式，就是提供保證，你必須承擔客戶可能遭遇的所有風險。

萬一向顧客做了承諾或保證，最終又沒有實現，該怎麼辦呢？可以採行的策略有以下兩種：

1. 誠懇道歉，對不滿意之處予以補償。
2. 如果顧客要求退費，提供金錢上的加倍賠償。

有一位出版商，不僅主動向客戶提供不滿意就退費的服務，而且還願意替客戶訂閱競爭者的出版品。

之所以這樣做，是因為他對自己有絕對信心，客戶接觸到其他人的服務之後，非但不會轉移喜好，反而更體會到他的優點。如此一來，他自己和所有客戶都成了大贏家。

曾經有一位專門經營貓眼石的珠寶商，向顧客提供了一個極為貼心的保證：任何一個向她購買寶石的人，不管將寶石帶到何處，甚至包括贈送給朋友，只要有不滿意，或者單純中途改變主意，一年之內，費用都可完全退還。

放眼全國珠寶商，根本沒有人敢提出相同訴求，她自然大獲全勝。

也有一位知名的糖果製造商，在產品的包裝紙上印有「保證滿意」字樣，如果購買後感到不滿意，只要將包裝紙以及一張解釋為何不滿意的說明寄還，就可以得到退款。此外，公司還會附上另一包不同口味的糖果。如果顧客仍舊不滿意，他們會再送一包，直到你明確表示不需要為止。

還有一家生產美容化妝品的公司，給顧客的承諾如下：「如果您使用我們的產品，九十天內沒有看起來更年輕、更亮麗，皮膚更光滑、更有彈性，我們無條件退款。您對產品表現不滿意，我們就絕對不配拿您的錢，您更有權利要求我們在任何指定的時間內，將費用百分之百退還。」

毫無疑問，提出這樣大膽的訴求，需要以足夠的品質作為保證。事實上，可以想見，這家美容化妝品公司的產品絕對有一流水準，以及非常效果。

任何事情都是相對的，如果你的產品和服務夠水準，顧客反應自然跟著變好。你說出的話、提出的保證越堅定，能引發的期望值當然越高，也就會有越多人光顧。

但這不代表可以用謊言騙人，相反的，保證絕對必須眞誠，並且負責到底。切記，說出假話，或者做出有漏洞且不眞誠的保證，可能帶給自己的傷害，絕對比不做任何保證更大。

PART 3

站在對方的角度，活用說話藝術

有些顧客確實無購買能力，有些卻是想進行討價還價，推銷員一定要仔細分析其真正原因，加以擊破！

走對路，才能成功說服客戶

與客戶溝通時，先找到雙方的共鳴之處，以此為溝通點，進行下一步的交流，比較容易達成共識。

在這個有能力也要懂得表達自己的商業時代，想要和別人進行有效的溝通，就必須留意自己說話的技巧，使用最動聽的話語表達自己的意思，把話說到對方的心坎裡，讓對方樂於接受自己的意見。

一般來說，說服客戶要比說服其他人更難，因爲與客戶之間必定存在著利益與金錢的關係，因此，雙方都會比較慎重。

要想有效說服客戶，必須按照一定的原則進行：

●說服之前，先瞭解對方

「知己知彼，百戰不殆」，適用於戰場，也適用於商場。說服客戶之前，必須盡最大可能去瞭解對方的一些情況，這樣才能有針對性地進行說服。

瞭解對方時，要注意以下幾點：

第一、看性格。

不同性格的人，接受他人意見的方式不一樣。瞭解對方的性格，就可以根據以選擇出最合適的說服方式。

第二、瞭解對方的特長。

一個人總是對自己的長處感到自豪，想要說服他人，可以將對方的長處當作切入點，拉近彼此的距離，讓說服工作進行得更容易。

第三，摸清對方的喜好。

有人愛下棋、有人愛釣魚、有人愛畫畫、有人愛唱歌，總之人人都有自己的愛好。若能先從對方的喜好入手，再進行說服，較容易達到目的。

有些人不能說服對方，是因爲事前沒有充分瞭解，無法運用適當的說服方式，自然就不會得到理想的結果。所以說，在說服之前，一定要充分瞭解對手與狀況，再針對性地採取相應的說服方式。

•要耐住性子

如果你的觀點是對的，卻無法和對方達成共識，如此情況下，就該稍微緩一緩，不要操之過急。

人的觀點不是一兩天可以形成的，要改變也絕非一日之功。這時候就需要耐住性子，表現出不達目的不罷休的毅力。

掌握一定原則以後，進一步來看，想成功地說服客戶，需要運用有效的策略。一般說來，有以下幾項：

•以情感人

人是感情的動物，往往以此主宰自己的行爲。

說服客戶時，不妨先從感情方面入手，儘量營造出一種平和、熱情、誠懇的氣氛，使雙方能得到感情上的交流。

● 以退為進

心理學上有個名詞叫「自己人效應」，意思是說與人接觸，要取得信任，就應該先讓對方認可你是「自己人」，如此方能消除陌生感，製造順利溝通的有利因素。

● 尋找溝通點

與客戶溝通時，先找到雙方的共鳴之處，以此爲溝通點，進行下一步的交流，比較容易達成共識。共同的愛好、興趣、性格、情感、方向、理想、行業、工作等，都是很好的溝通點。

● 步步引誘

美國的門羅教授曾發明一種激發動機的說服法，程序如下：

1.引起對方的注意。

2. 明確對方的意圖，把說服話題引到自己的問題上。

3. 告訴對方怎麼解決，指出具體的辦法。

4. 預測不同的兩種結果。

5. 說明應該採取的行動。

在說服的過程中，要儘量站在對方的立場上看問題，直到說服對方爲止。與客戶溝通，在遵循原則的前提下進行說服，相信會有出乎意料的好收穫。

站在對方的角度，活用說話藝術

有些顧客確實無購買能力，有些卻是想進行討價還價，推銷員一定要仔細分析其真正原因，加以擊破！

在推銷過程中，推銷員往往會聽到顧客說出這樣的話：「哎呀！這東西價格太高了，我們買不起。」

如果此時推銷員回答「不會啦！這怎麼會貴呢？就它的性能來說算是便宜的啦」，或「您覺得價格太高是嗎？我們可以商量看看，或許您可向銀行貸款，或利用分期付款來購買」……等言辭，絕對是最不理想的應對方法。

一股勁地訴說「費用不高」的理由，也是不明智的應對。

這時候，應該以如下的言辭來說服對方：

「您說得不錯，一下子要您拿出這麼大一筆錢來，的確是沉重的負擔，但是您想想看，這種東西不是用一、兩年就會壞的，只要使用方法正確，用個十年應該沒有問題。我們不要說十年，就以五年來算，則一年只要花一千兩百元，再除以十二個月，每月只需要一百元，換言之，每天只要三元而以。」

「老闆！您抽的是什麼牌子的香煙呢？這三元也不過是您每天抽一兩支煙的錢，算起來很便宜不是嗎？如果您冬天也繼續做生意的話，那麼，不到一年就賺回本錢，接下來就是純利了。」

先贊同對方的說法，再將費用化整爲零，讓顧客感覺其實商品的價格並不貴。破除了這項疑慮後，再提出產品的優點，自然水到渠成。

以下的說法，也可以適時運用：

「先生，你別想得太嚴重，一天只花兩元，就好像買糖果、玩具那樣，或是用你抽根煙、喝喝咖啡的心情來買這個商品就行了。您也知道，現在喝一杯咖啡要花幾十元，假如稍微節省一下，就可買這商品了，一天只要花兩元。」

「花一點點的錢，就可以使你可愛的寶寶的腦細胞順利地發育，並且成爲聰明的孩子，以後考上好學校，非常值得啊！」

「假如您要到書店去找這種書，一定不知道應該買哪一本，才會對自己的孩子有幫助，所以買回家的都是一些普通書刊。因此，您更應該選擇這本經過很多教育專家花費好幾年的功夫才編出的《學習百科事典》，這對您的孩子會有很大的幫助。」

「家庭教育好壞，可能會使孩子成爲一個天才，也可能變成一個壞孩子。普通書刊與有關教育方面的書籍的性質是不一樣的，如果您要買的話，應該買由教育家經過研究而寫出來的好書，對於孩子們的身心成長以及課業方面才有幫助，您認爲呢？」

「請聽我說幾句話，反正半年後或者一年後總要買這本書，同樣是要買，那麼早一點買，對您的孩子而言更有利。相反的，如果以後絕對不買這種書，當然我就沒什麼話好說了。不過，如果今後一定要買，就請您早一點買，如此幫助必定更大、更明顯。」

有時，顧客之所以認爲某種產品太貴了，就是因爲對價格產生了疑慮，它表現在顧客以資金困難或沒錢爲理由而設置的推銷障礙，可能是「我想要一件，可我現在沒有那麼多錢」、「分期付款可以考慮」、「如果能再便宜一點，我就買……」等等。

這種異議有眞實和虛假之分，有的顧客確實無購買能力，有的在以此進行討價還價，還有一些以此爲藉口拒絕推銷。

遇到財力異議的障礙，推銷員一定要仔細分析眞正原因，加以擊破！不能因爲「沒錢」就一下子洩了氣，想著：「唉，沒錢，不用再費口舌，算了吧！」從而輕而易舉地放棄推銷。

看看下面的例子：

「不好意思，我們目前沒有錢，等我有錢再買。」

雖被拒絕，但這位推銷員看到女主人懷裡抱著一隻名貴的狗，計上心來。

「您養的這小狗真可愛，一看就知道是很名貴的品種。」

「是呀！」

「您一定在牠身上花了不少錢和精力吧！」

「沒錯。」女主人開始眉飛色舞地向推銷員介紹自己為這條狗所投入的金錢和精力，且一臉得意。

「那當然，這不是一般階層能做到的，就像這化妝品，價錢比較貴，所以使用它的女士都是高收入、高社會地位的。」

一句話切入重點，說得女主人再也不能以沒錢為藉口，反而非常高興地買下了一套化妝品。

商業上，進行說服的最終目的都在完成交易，但不能「強迫購買」，而要巧妙運用說話藝術，讓對方心甘情願成爲自己的客戶。

讓自己的話語，充滿吸引力

> 語言推銷固然重要，動作推銷也不可忽略。所以，語言推銷應和動作推銷互相搭配，配合對象和狀況調整。

生產的目的，就是要把產品銷售出去。

不同的商店，在不同的時間內，因爲選定的目標市場和銷售對象不同，需製造的形象和採取的活動也不同。

然而，任何成功的推銷，都離不開推銷語言藝術。以下提供三點：

- **激發情趣**

客人來飯店消費，是爲了獲得物質和精神享受。服務員的推銷語言，一定要能夠引發情趣，才能達到促銷的目的。

如果服務員一問三不知，就無法引起客人消費的興趣，要是能透過平時的知識積累，採用有較濃藝術味的敘述，吸引客人，引發情趣，鼓勵了對方的消費慾望，以達到推銷的目的。

推銷必須具專業，富知識。如果一個餐廳服務員對餐飲部的有關狀況，本部門有哪幾類餐廳，當天廚房有哪些新菜式供應等都一無所知，或知之不詳不確，就很難做好服務工作。

一位朋友就說過這樣一段就餐經歷：他想換換口味，走進一家地方風味餐廳，服務員斟茶遞巾，非常熱情。

朋友開口問：「今天有什麼新菜？」

服務員指著菜譜：「我們提供的菜都寫在這上面了，您要點什麼？」

朋友聽了很失望，頓感興致全無，最後，只有隨便點了幾樣菜了事。因爲服務員失敗的推銷語言，使餐廳失去了一次很好的機會。

•刺激慾望

推銷語言一定要突出要點，這個「要點」就是最有吸引力的語言，它是商品的「重點」，能刺激客人消費的慾望。

如果一個服務員問客人：「您喜歡飲料嗎？」這個問題可能從客人那裡得到否定的回答。

與此相反的，服務員應該問：「我們有椰汁、芒果汁、雪碧和可口可樂，您喜歡哪一種？」

服務員的推銷語言，最重要一點，就是要把食品的「要點」指出來，以刺激顧客的食慾。

美國推銷大王惠勒有一句名言：「不要賣牛排，要賣鐵板燒。」

這話是很能說明問題的。

如果要想勾起顧客吃牛排的慾望，將牛排放在客人面前，固然有效，但最令人無法抗拒是煎牛排的「滋滋」聲，客人會想起牛排正躺在黑色的鐵板上，渾身冒油，香味四溢的情景，不由得嚥下口水。

「滋滋」的響聲就是服務員針對客人推銷的要點，它會真正地引起客人對這食品的感情。

•揚長避短

因客人的喜與厭，採用揚長避短的推銷方法，也是語言藝術的要點。

某間餐廳曾經接待過一對來自香港的老夫婦，他們一坐下來就埋怨這埋怨那，服務員為他們斟上茶後，老婦人語氣生硬地說：「我要龍井。」

而剛好當時餐廳沒有龍井茶，服務員就向她解釋道：「這是我們特地為您準備的紅茶，餐前喝紅茶好，可以消食開胃，對老年人尤為合適，而且價格不貴。如果您想喝龍井茶，隔壁商場有，您們吃完飯可以買一些回去。」

後來，老先生點菜時，老婦人又說道：「現在的蔬菜都太老了，我們要這幾個就行了。」

這時，服務員馬上順著她的意思說：「對！現在蔬菜都太老了，咬不動，我們餐廳有炸得很軟的油燜茄子，菜單上沒有，是今天的時新菜餚，您們運氣真好，嚐一嚐吧！」

老婦一聽動心，於是菜單上多了一道原本沒有的菜餚。

語言推銷固然重要，動作推銷也不可忽略。餐廳食品的擺設和烹調表演在一定程度上影響著客人的購買行爲，影響客人對品質和價值的看法，更影響客人的食慾，最終決定了銷售額。

所以，語言推銷應和動作推銷互相搭配，配合對象和狀況調整，這樣才能贏得新客源及更多回頭客。

適時引用第三者的話

通常顧客對推銷員是排斥的，巧妙加入第三者的話，能夠增加可信度，使顧客心中感覺別人買了，那這項產品必定不差。

推銷時，巧妙地引用第三者的話，向顧客說出他人對自己商品的評價，會收到意想不到的效果。

談到正出售的一塊土地，你可以對顧客說：「前不久一個顧客也來此地看過，他覺得非常滿意，想蓋棟別墅。可惜後來他因資金周轉有問題而無法購買，我也爲他感到遺憾。」

這種方法效果非常好，但是，如果你說謊又被識破的話，那可就非常難堪了，所以應該儘量引用眞實的事情。

這一技巧的妙處，在於一般顧客對於推銷員的印象總不是那麼好，對於推銷這種售賣方式也多持懷疑的態度。如果你非常成功地引用了第三者的評價來遊說，顧客一定會感到安全感，消除對你的戒心，相信你做的商品介紹，認爲購買你的商品可以放心。

假如你爲一家公司推銷一種新式化妝品，而這家公司已經在電視上大做廣告，那麼你的推銷一定要由此開始。

你應該對顧客說：「這就是電視裡天天出現的那種最新樣式的化妝品，您一看就會認出來的。」然後立刻將樣品遞過去，她便不會有意識地來懷疑你了。

如果你認爲對方不是一個喜歡標新立異的人，可以接著告訴她：「我剛才已經賣了幾十瓶，他們都是看了電視廣告介紹才下決心買的。」

這樣，成交希望就更大了，因爲你一直都在「請」廣告和其他的購買者來爲自己背書，她自然不會產生懷疑。

如果你知道某個「大人物」曾盛讚或使用了你正在推銷的商品，那麼推銷會變得更加容易。毫無疑問，電影明星、體育明星等「大人物」一定比你更容易受到信賴，說服力當然強得多。

但這樣的好事，未必就落在你所推銷的商品上，這也不要緊。你如果能打聽到顧客的周圍，有一個值得信賴的人，曾經說過你的商品的好話，就應該不失時機地加以應用。

即便你引用一個顧客並不了解的人所說的話，也不一定就沒有效果。只要言之有理，對方仍然會加以考慮。

推銷過程中，一般只有兩者在對談，即推銷員和顧客，通常顧客對推銷員總是排斥的，這時若巧妙加入第三者的話，能夠增加可信度，使顧客心中感覺別人買了，那這項產品必定不差，同時也激起對方的購買慾，覺得既然別人有了，自己也要買。

掌握時效，讓話語發揮最大功效

> 推銷員能用的時間是很短的，所以更要在幾秒內，讓每一句話發揮功效，配合推銷動作，吸引、刺激購買欲，把陌生人變成顧客。

要接近顧客，你的開場白十分重要，推銷員的開場白會立即造成第一印象，不論好壞，都可能直接決定這筆銷售的命運。好的開場白加上推銷動作，將有助提升你的銷售業績。

你可以使用以下八種方法接近顧客：

- **喚起顧客注意**

推銷員接近顧客的目的，是喚起注意，使顧客的注意力轉向推銷員的介紹。心理學家發現，推銷介紹前十秒鐘裡所獲得的注意，比之後十分鐘內獲得的注意還要更多。因此，推銷員應該說好第一句話。

對推銷人員來說，怎樣說好第一句話尤爲重要。第一句話就應該把顧客的注意力吸引過來，作用如同廣告中一條醒目的標題一樣。

一般情況下，最好能直接切入正題，如一位上門推銷空調的推銷員，見到顧客一開門，立即問：「您的空調好用嗎？」

不管顧客回答說還沒裝，還是說不太好使用，推銷員都可順勢把自己的產品推薦出去。

但許多場合下，開頭不可避免地要進行一次自我介紹和熱情問候。如果是熟人就更難，不能每次都自我介紹，又不能每次都是同一套。所以，語調應生動、親切、簡練，熱情而不誇張，新鮮而不老套。

常用的客套話，有以下幾種：

1. 稱讚顧客。

稱讚顧客或獻殷勤，是喚起注意的最有效方法之一。

作爲推銷員，應該對顧客彬彬有禮，說幾句讚美之詞並不失身份，而且對推銷大有助益。

讚美的方式很多，從顧客的服飾，年齡，身體健康，辦公室的佈置等等。只要留心，可讚美的對象數不勝數。

切記，讚美要看狀況與對象，掌握火候、把握分寸，過度的言詞可能給人油嘴滑舌的不良印象。

2.談新聞。

新近發生的重大事件往往是人們關注的焦點。談新聞不僅能很快喚起顧客的注意和興奮，而且處理、聯繫得好，更能直接過渡到正題的切入點。

除此之外，可談的新聞還很多，如國內外政治、經濟最新動態，最新的商品，重大體育賽事等等。

3.提建議。

如果知道客戶正面臨什麼難題，而在解決難題上又有忠告可提，那麼推銷人員應抓住時機提出建議，引起對方注意。例如，批發商可憑藉專業知識和資訊靈通的特長，向零售顧客提出有用的建議，包括某些商品銷售前景的預測，陳列設計，店內佈置，廣告宣傳等等，都很有效。

•介紹接近法

這種方法，是推銷人員透過自我介紹或他人介紹來接近顧客。

自我介紹，主要可藉口頭介紹、身份證件與名片來達到接近顧客的目的。他人介紹，是借助與顧客關係密切的第三者的介紹來達到接近目的，形式有信函介紹，電話介紹或當面介紹。

介紹接近法的作用，主要在於推銷人員向顧客介紹自己的身份，以求得對方的了解和信任，消除戒心，爲推銷創造舒適的氣氛。

有一種較另類的自我介紹開場白：「我叫某某某，雖然說你並不認識我……」，這種介紹法幽默而直接，但在使用時要小心，如果對方看起來個性開朗，可以使用這種方法；如果對方看似內向，這種方法可能會嚇到他。

所以要因人而異，使用不同的說話方法。

●尋求幫助法

人性本善，推銷員可以喚起對方的助人之心，請求幫助，接著再開始眞正打算進行的話題，這類的開場白有「您能不能幫我……」、「我需要您幫我一些忙……」等等。

用這種方法，記得態度要親切溫和，口氣放軟，千萬不要明明是找人幫忙，卻搭配上強勢的口氣，那當然達不到目的。

●產品接近法

推銷人員直接利用推銷品引起顧客的注意和興趣，進而轉入面談的一種接近方法。這種方法的最大特點，就是讓產品作自我推銷，讓顧客接觸產品，透過產品自身的吸引力，引起顧客的注意和興趣。

•饋贈接近法

推銷人員利用饋贈物品，免費品嚐的方法吸引並喚起顧客的注意。這種方法尤其適合新型產品的推銷，在各大商場客流密集處更能發揮效能。

使用此方法時，推銷人員應注意，饋贈的物品要適當，方便顧客拿取或品嚐，使用的語言要熱情、主動。

•利益接近法

推銷人員首先強調商品能爲顧客帶來的利益，引起對方的注意和興趣，達到接近的目的。例如：

「這是公司最新推出的新型石英多功能鬧鐘。它既可以擺在書桌上，外出旅行時，又可以合起來放在枕邊床頭，非常實用。」

「功能就更不用說了，光鬧鐘設置方式就有好幾種，既可以定時，還可以選定某月、某年、某時鬧鈴，非常方便。振鈴音響也有多種選擇，可以滿足不同顧客的喜好。除此之外，這種鬧鐘還有計算、記事的功能。在推展月裡，特價優惠五％。」

以實際利益去接近並打動顧客，常常是行之有效的重要的推銷手段。利益接近法符合顧客購買商品時的求利心理，直接了當地告知購買該商品所能獲得的實際利益，能有效引導消費。

但使用這種方法時，應實事求是，講求商業信譽，不可浮誇，更不能無中生有，欺騙顧客。

●好奇接近法

利用好奇心理接近目的的方法，推銷人員運用各種巧妙的方法及語言藝術喚起顧客的好奇心，引導注意力和興趣，達到推銷目的。

例如，一位推銷新型印表機的推銷員，在推開顧客辦公室門時，就說：「您想知道一種能使辦公效率提高，又能有效降低成本的辦法嗎？」

這些想法正是一般辦公部門努力追求的目標，而對主動送上門來的良計佳策，誰不爲之動心呢？

當顧客的好奇心被緊緊抓住以後，推銷人員應不失時機，巧用推銷技巧和語言藝術，因勢利導，強化顧客的注意和興趣，進而實現自身目的。

●展示接近法

意指透過對商品的展覽、演示，以引起顧客的注意和興趣。

這是一種古老的推銷術，在現代行銷中，仍有重要的利用價值。

例如，某一推銷聲控魔術方塊玩具的推銷員，坐定之後，並不急於開口說話，而是取出一個小巧玲瓏、色彩艷麗正四方體「木箱」放到顧客的面前，隨著推銷員的一聲拍掌，小木箱不但搖晃起來，同時還用幾種語言發出「讓我出去」叫聲，彷彿眞鎖住了一個急於外逃的魔鬼。

一場形象生動、直觀的展示，勝過推銷人員繪聲繪影的描述，使顧客直接地獲得了直覺印象。

接著，推銷人員如能不失時機地發揮語言藝術的作用，熱誠地爲顧客釋惑解疑，闡明產品價格定位及廣闊的市場前景，就能爲最後的成交打下良好的基礎。

在這個有能力不一定就能成功的時代，想要與人做有效的溝通、就必須留意自己說話的口氣，用最動聽的話語，表達自己的意思。

推銷員能用的時間是很短的，所以更要在幾秒內，讓每一句話發揮功效，配合推銷動作，吸引、刺激購買欲，把陌生人變成顧客。

讓說出的每一句話都奏效

一句話看似簡短，說得好能讓你的推銷加分，如果句句正中紅心，一場對話累積下來，客戶非你莫屬。

在實際推銷進行過程中，巧妙地使用語言，是推銷成功的關鍵。那麼，該如何使用推銷語言才算巧妙呢？下面介紹八種方法：

- 選擇問句

例如：「您是要茶還是要咖啡？」

- 語言加法

羅列各種優點，例如：「這道菜不僅味道好，原料也十分稀少難得，含有多種營養，還對虛火等症狀有輔助療效。」

• 語言減法

即說明現在不購買或選擇會有什麼損失，例如：「這種魚只有武漢一帶的長江水域中才有，您如果現在不嚐嚐，回去後將難有機會了。」

• 轉折說法

即先順著賓客的意見，然後再轉折闡述。例如：「這道菜確實比較貴，但原料在市場上的價格也不低，做菜的技巧較爲複雜，口味別俱特色，您不妨一嚐，就知道物超所值了。」

• 語言除法

即將一種商品的價格分成若干份，使看起來不貴，例如：「雖然要三百元一份，但六個人平均下來，不過五十塊錢。」

• 借人之口法

例如：「客人們都說招牌菜做得很好，您願意來一份嗎？」

• 直接稱讚法

例如：「這鮑魚炒飯是我們飯店的特色，不妨試試。」

● 親近法

例如：「特別介紹一道好菜給您，這是今天才買回來的。」

下面再介紹一則巧妙使用推銷語言，推銷豪華套房成功的實例：

某天，台北某家知名飯店前廳部的客房預訂員小王，接到一位美國客人打來的長途電話，想預訂每間每天收費在二百二十美元左右的標準雙人客房兩間，預計三天以後入住。

小王馬上翻閱了一下訂房記錄表，回答客人說，由於三天以後飯店要接待一個大型國際會議，有幾百名代表，標準客房已經全部訂滿。小王講到這裡，並未就此把電話掛斷，而繼續用關心的口吻說：「您是否可以推遲兩天來，要不然請直接打電話與其他飯店聯繫，如何？」

美國客人說：「台北對我們來說，人生地不熟，你們飯店名氣最大，還是希望你幫我們想想辦法。」

小王暗自思量，感到應該儘量不使客人失望，於是便用商量的口氣說：「感謝您對我們飯店的信任，我們非常希望能夠接待你們這些遠道而來的客人。請不要著急，我很樂意為您效勞。」

「我建議您和朋友準時前來，先住兩天我們飯店內的豪華套房，每天也不過收費二百八十美元。套房內可以眺望陽明山的優美景色，室內有紅木傢俱和古玩擺設，提供的服務也是上乘的，相信你們住了以後一定滿意。」

小王講到這裡，故意停頓一下，以便等待客人的回話。

見對方沉默了一下子，似乎猶豫不決，小王又趁勢誘導：「我想您不會單純計較房價的高低，而是在考慮是否物有所值，請告訴我您什麼時候、搭哪班飛機來台北，我們將派專車到機場迎接，到店以後，我一定陪您和您的朋友先參觀一下套房，然後再做決定也不遲。」

美國客人聽小王這麼講，一時間倒難以拒絕，最後便欣然答應先預訂兩天豪華套房再說。

另一個例子，是使用啓發性推銷語言，巧妙推銷書籍的故事：

一名顧客想買一本有關法律法規方面的書籍，他跑了好多書店，但就是找不到「大全」類的資料總匯。

後來，在某大學的書店，終於發現了彙編齊全的法規書籍，但書價過高，使他猶豫不決，買不下手。

老闆抓住了顧客的心理，採取「啟發式」語言改變立場。

老闆問：「您想買總彙多年法規大全的法律書籍吧？」

顧客：「是的。」

老闆：「您是想考研究所，還是律師？」

顧客：「參加今年的全國律師資格考試。」

老闆：「考律師比考研究所更應了解法律法規，您是否注意到國家每年的法規都在增加和變動？」

顧客：「的確是這樣，我正愁沒有一本法規彙編大全的書籍。」

老闆：「去年，我有兩個朋友因為沒有注意近年來經濟合約法規的變化，差兩三分沒通過律師考試。」

顧客：「真的啊？」

老闆：「這幾年律師考試，題目靈活多變，注重時效，技能測試題越來越多，很不容易呢！」

顧客：「那不是更應該靈活運用法規解決實際問題嗎？」

老闆說：「您說呢？」

顧客聽到這裡，消除了疑慮，當即以近千元的高價，買了一套法規彙編大全。書店老闆的成功秘訣，就在於緊緊抓住顧客心理，如此不用回答任何問題，便足以使顧客滿意而去。

抓住顧客的心理，說出的每句話都要有功效。

一句話看似簡短，說得好更能讓你的推銷加分，如果句句正中紅心，一場對話累積下來，這個客戶非你莫屬。

與其發怒，不如使出「忍術」

對說「這個不好」、「那樣不對」的人，最重要的是讓對方儘量把話說完，再抓住時機反駁，進一步掌握有利勢頭。

在商場上，常會看到顧客與推銷員爭辯。基本上，不管他們在吵什麼，爲什麼而吵，周邊的人絕大部份會站在顧客那一邊。

原因很簡單，他們也是消費者，總有一天也會遇上類似情況。

因此，你應該清楚地認識到這一點，遇到顧客有意見時，不論誰是誰非，都不得爲此爭辯，儘管你有千萬條道理，也不可開口說一句重話。一旦說了爭辯的話，生意做不成是小事，影響名聲，那問題就大了。

在舊金山有一家鞋店，老闆應付顧客的手段相當高明，儘管他給人的印象並不屬於精明且伶牙利齒的生意人。

每次顧客對他抱怨說「鞋跟太高了」、「式樣不好看」、「我右腳稍大，找不到適合的鞋子」，老闆都只是點頭不語，等顧客說完後，他才說：「請你稍等。」隨即拿出另一雙鞋表示：「你一定適合，請試穿。」

顧客起初很疑惑，可穿上之後，便會高興地說：「好像是爲我訂做的。」於是很高興地把鞋買走了。

在推銷員須知中，有一條規則是：別和顧客爭辯！因顧客說的話有絕對的理由，難以說服。

與其爭吵，推銷員應利用顧客的心理，使他沒有繼續反駁的餘地，以求圓滿地達到自己的目的。

對說「這個不好」、「那樣不對」一類話的人，不要一一反駁，最重要的是讓對方儘量把話說完，再抓住時機引導。對方說他喜歡什麼，其實等於是推出王牌，可以讓自己進一步掌握有利勢頭。

自己掌握的情報不要讓對方知道，否則就等同把優勢讓給了對方。說服顧客時，不要著急，而要根據對方的反應，慢慢抓住有利的線索。

西方有句諺語說：將所有的資料公開，等於送鹽巴給敵人。作爲一位商人，就是透過商品銷售獲得利潤。作爲一位推銷員，就是迎合顧客心理，熱情接待顧客，讓他高高興興地從商店裡買走商品。

顧客可以千錯萬錯，而推銷員不得有半點失誤，當忍則忍，切莫爭辯。與其爭得臉紅脖子粗，不如省下力氣，好好培養自己的「忍術」。

懂得看時機，說話才適宜

當顧客有問題時，推銷員的應答便成為最即時的回應，越即時的回應，說話越要小心，因為影響往往最大。

人際溝通大師塞巴特勒曾經寫道：「想讓對方接受原本不想接受的看法，最好使用對方喜歡聽的語言。」

從事推銷工作多年的業務員大多有同樣感覺，接待顧客，最困難是在於尊敬語的使用。由於對象不同，使用的尊敬語也有區別。

另外，現代社會步調快速，成功的推銷員或服務人員面對顧客的要求，一定要給予即時的回應，在不同的時機說不同的話，做到即時又優質。

作爲推銷員，依使用時機不同，可將敬語分爲幾種：

• 接待顧客

1. 接待顧客時應說：

歡迎光臨。

謝謝惠顧。

2. 不能立刻招呼客人時：

對不起，請您稍候！

好！馬上去！請您稍候。

3. 讓客人等候時：

對不起，讓您久等了。

抱歉，讓您久等了。

不好意思，讓您久等！

• 拿商品給顧客看

是這個嗎？好！請您看一看。

• **介紹商品**

我想，這個比較好。

• **將商品交給顧客**

讓您久等了！

謝謝！讓您久等了！

• **請教顧客**

1. 問顧客姓名時：

對不起？請問貴姓大名？

對不起！請問是哪一位？

2. 問顧客住址時：

對不起，請問府上何處？

對不起，請您留下住址好嗎？

對不起，改日登門拜訪，請問府上何處？

●更換商品時

1.替顧客更換有問題的商品時：

實在抱歉！馬上替您換。

很抱歉，馬上替您修理。

2.顧客想要換另一種商品時：

沒有問題，請問您要哪一種？

●送客時

謝謝您！

歡迎再度光臨！謝謝！

●向顧客道歉時

實在抱歉！

給您添了許多麻煩，實在抱歉。

敬語的使用並非一成不變，若能做到視情況應變，加上誠心，相信客戶可以感受到你的尊敬。

另一方面，推銷員在工作崗位上服務時，常常需要針對顧客的疑問給予回應，或者對顧客的召喚做出反應。服務過程中，所使用的應答用語是否恰當，往往直接反應了服務態度、服務技巧和品質。

整個服務過程中，推銷員隨時都有可能需要使用應答用語，由此可見使用範圍之廣泛。

推銷員在使用應答用語時，基本的要求是：隨聽隨答，有問必答，靈活應變，熱情周到，盡力相助，不失恭敬。

就應答用語的具體內容而論，主要可以分爲三種基本形式，在某些情況下，相互之間可以交叉使用。

●肯定式的應答用語

主要用來答覆服務對象的請求。重要的是，一般不允許推銷員對於服務對象說一個「不」字，更不允許對狀況置之不理。

這一類的應答用語主要有「是的」、「好」、「隨時為您效勞」、「聽候您的吩咐」、「很高興能為您服務」、「我知道了」、「好的，我明白您的意思」、「我會儘量按照您的要求去做」、「一定照辦」……等等。

●謙恭式的應答用語

當服務對象對於被提供的服務表示滿意，或是直接進行口頭表揚、感謝時，一般會用此類應答用語進行應答。

它們主要有「這是我的榮幸」、「請不必客氣」、「這是我們應該做的」、「請多多指教」、「您太客氣」、「過獎了」。

●諒解式的應答用語

在服務對象因故向自己致歉時，應及時予以接受，並表示必要的諒解。常用的諒解式應答用語主要有「不要緊」、「沒有關係」、「不必，不必」、「我不會介意」等等。

當顧客有問題時，推銷員的應答便成爲最即時的回應，越即時的回應，說話越要小心，瞬間、立即的一兩句話，給人的印象和影響往往最大。因此，顧客的反應必回，而且要回得好；和顧客應對進退時，必「敬」。

說話的藝術不是一朝一夕可達成，但從生活中細細體會，不斷改進，說出適當的話並不那麼難。

會話式推銷，接受度更高

> 用會話的方式和顧客進行推銷，能深入了解這位顧客朋友的需求，縮短你們之間的距離，建立長久關係。

怎樣與顧客進行推銷訪問？特別是第一次與新顧客見面。這是所有推銷員都必須面對的問題。使推銷成功的途徑並非一成不變，可以說多種多樣、千變萬化，會話式推銷訪問就是一種相當成功的方法。

• 會話式推銷訪問程式

1. 在接受推銷技巧認訓練以前，建立明確的訪問推銷程式觀念。
2. 討論各個推銷程式時，能夠清楚地了解在推銷訪問中的個別意義。

•會話式推銷程式的意義

1.在訪問顧客以前，能夠依「會話式推銷訪問程式」的五個步驟去計劃及準備推銷訪問。

2.充滿信心按照「會話式推銷訪問程式」的五個步驟，以獨立自主的態度和精神訪問顧客。

3.訪問顧客後，能夠按照「會話式推銷訪問程式」的五個步驟檢討訪問經過，並制定改善計劃。

•會話式推銷訪問的重點

1.訓練業務代表，在訪問過程中應用最簡易的「會話式推銷訪問程式」，建立融洽的商談氛圍。

2.訓練業務代表，不光了解自己的產品，更能對不同類型的顧客演習「會話式推銷訪問程式」。

●會話式推銷訪問的效果

1. 業務代表在訪談時較容易進入狀況，談笑自如。
2. 顧客在面對業務代表時，因減少抵制心理而樂於談論，容易建立長久且正向的雙方關係。
3. 能夠讓業務代表更了解顧客需求，並有利於提供協助。
4. 推銷員容易儘快進入角色，避免因摸索而浪費時間。

以下，則是會話式推銷的五個實施步驟：

●會見顧客

建立關係技巧——和諧、誠懇的表現與設身處地的談吐。

1. 遞交名片，自我介紹。
2. 以和諧、誠懇的眼神看著對方。
3. 簡潔說明來意、工作內容。

4. 附和對方的話題，表示出濃厚興趣。
5. 心平氣和地傾聽對方的講話，表示了解。
6. 有禮貌的談吐，尊重對方的稱呼。
7. 謙虛的敘述，以對方的談話為中心。

•界定顧客需求

診斷分析技巧——用適當的方式探詢產品使用的相關問題後，細心聆聽，協助界定並解決需求。

1. 以關心的口吻探詢產品使用的問題。
2. 在對方敘述時注意聆聽，重複對方的話以澄清內容。
3. 提起競爭產品時不可批評。
4. 若有不明顯的需求，可以用暗示以打聽目的。
5. 舉出別人使用本公司產品而獲得的好處，或欣賞的要點。

●以產品的利益配合顧客需求

摘要指示技巧——將產品特定的利益配合顧客顯示需求，並將利益連接在產品的特徵上。

1. 將產品特定的利益配合顧客提出的需求。
2. 將利益和產品的特徵連結。
3. 避免滔滔不絕地講個不停。
4. 時時探詢對方的反應，不可搶詞。
5. 不可有強詞奪理的言辭與舉動。

●觀察顧客的態度

觀察態度技巧——觀察顧客的接受性，化解不以爲然，猜疑，反對意見，推託等反應態度。

1. 對顧客反對表示了解，重述要點加以核對是否會意。
2. 提出解決的意見或答覆猜疑要點。

3. 以解決意見建議供對方參考，求得同意。
4. 對不明白的內容要做筆記，誠實應對，不可編造謊言。
5. 若有無法當面解決的事項，約定查明後答覆。

• 總結會話

總結技巧——摘要討論後同意的要點，請求採取特定行動。

1. 摘要已經同意或經過澄清的要點。
2. 提出建議，請求採取行動，必須以誠懇的眼神看著對方。
3. 以充滿信心的口氣，強調對方的利益要點。
4. 從不同角度再試試，以取得同意。
5. 不可表現耍賴的態度，感謝顧客給予談話的機會。

會話式推銷訪問，就是用會話的方式向顧客進行推銷，能讓你深入了解這位顧客朋友的需求，縮短彼此之間的距離，建立長久的關係。

你問對問題了嗎？

在銷售過程中，推銷員越早且越經常地提出問題越好，因為那將有利於更了解對方，更針對性地解決問題。

提出適當的問題，能夠使對方說出你該知道的一切，這極有可能是決定業務成功與否的關鍵。

看看下列各項，檢驗一下自己是否做到準確提問。

1. 問題是不是簡明扼要？
2. 是否把顧客的答案引向你的產品？
3. 能不能引導對方引用以往的經驗，讓你分享他的驕傲？
4. 問題的答覆是不是顧客從前未曾想過的？

5.問題是否直接切中顧客的處境？

6.能不能從顧客口中取得一些資料，讓你的銷售更有針對性？

7.問題能不能創造出正面的、有引導作用的氣氛，以利於完成行銷？

8.當對方問你問題時，你會不會反問？如顧客問：「兩週內能不能送到？」你能否懂得反問：「您希望我們在兩週內送到嗎？」

檢視自己的銷售過程，所提的問題是否做到以上要求？如果沒有，希望你事先準備十到二十五個問題，以利於發掘對方的需求、痛苦、心思、障礙。

這裡有三個步驟可供參考：

步驟一：陳述一件無法反駁的事實，讓對方回答「是」。

步驟二：陳述可以反映出經驗與創造信任感的個人意見，如此既能控制話題，又能讓顧客對你的專業性產生信賴。

步驟三：提出一個與前兩個主題吻合，又可讓顧客盡情發揮的問題，從中了解他的需求、意圖、障礙或其他資料。

你不妨試試如下的提問方式：

1. 你打算如何……？
2. 在你的經驗裡……？
3. 你成功地用過什麼……？
4. 你如何決定……？
5. 為什麼那是決定性因素……？
6. 你為什麼選擇……？
7. 你喜歡它的哪些地方？
8. 你想改善哪一點？
9. 有沒有其他因素……？

作爲一個推銷員，你應該了解，推銷，有時是從一個巧妙的提問開始。

身為一間大工廠的負責人，羅斯相當忙碌，他對推銷員的態度始終十分冷淡。一天，一位推銷員來到他的辦公室。

推銷員：「先生您好，我是保險公司的推銷員貝特格。您認識吉米．沃克先生嗎？是他介紹我來的。」

羅斯：「又是一個推銷員！你已經是今天第十個推銷員了。我還有很多事要做，不可能花時間聽你們的話，別再煩我了，我沒有時間。」

推銷員：「我只打擾您一會兒，請允許我做個自我介紹。我這次來只是想和您約一下明天的時間，如果不行，晚一點也可以。上午還是下午好呢？我只要二十分鐘就夠了。」

羅斯：「我說過了，我根本沒時間。」

推銷員忽然轉變話題，只見他仔細看著放在地板上的產品，然後詢問：「您生產這些東西嗎？」

羅斯：「是的。」

推銷員：「您做這一行多長時間了？」

羅斯：「哦！有二十二年了。」此時，他的神色和藹了些。

推銷員：「您是怎麼開始進入這一行的呢？」

羅斯：「說來話長了。我十七歲就到一家工廠工作。在那裡，我沒日沒夜地奮鬥了十年，後來終於擁有了現在這家工廠。」

推銷員：「您是在此地出生的嗎？」

羅斯：「不，是在瑞士。」

推銷員：「那您必定是年齡不大的時候就來了。」

羅斯：「我離開家鄉的時候只有十四歲，曾經在德國待了一陣子，後來才輾轉到了美國。」

推銷員：「那您當時一定帶了大筆資金吧！」

羅斯此時微笑著回答說：「我只以三百美元起家，一路到現在，累積了足足三十萬美元。」

推銷員：「這些產品的生產過程，想必是很有意思的事。」

羅斯站起來，走到推銷員身邊說：「不錯！我們為自己的產品感到驕傲，我相信它們在市場上是最好的。你願不願意到工廠裡走走，看看這些產品是怎麼製造出來的？」

推銷員：「樂意之至。」

羅斯當即將手搭在推銷員的肩膀上，陪同他一起參觀工廠。

第一次和羅斯先生見面，推銷員貝特格並沒有向他賣出任何保險，但在那以後的十六年裡，不僅成功賣出了十九份，還向他的兒子們賣出了六份。賺進許多錢不說，還和羅斯成了好朋友。

由此可見，在銷售過程中，推銷員越早且越經常地提出問題越好，因爲那將有利於更了解對方，更針對性地解決問題。

PART 4

說服的關鍵，在於口才表現

適度的自我宣傳與推銷，輔以具緩和作用的幽默感，使一切在親切融洽氣氛中進行，是達成交易的最理想情境。

說話之前，先學會聽話

完整的溝通模式是雙向性溝通，它讓接收者傳達自己對資訊的反應，能讓資訊傳送者更有效掌握進行的方向。

每個人都喜歡聽好話，說好「話」遠比比做好「事」更容易讓你引起別人的注意。如果你想讓交涉、推銷順利成功，那麼在溝通的過程中，就必須學會聽對方說話，然後把自己的意見滲透到對方的心坎裡。

「說」在推銷過程中佔有相當重要的位置。同樣一種產品，推銷員說得越好，顧客就越可能購買。

如果你自認非常賣力，但是結果總是不理想，那麼，或許該想想，自己是不是疏忽了傾聽的技巧？

經過細細檢討，你就會了解「傾聽」是溝通的重要過程。

很多人在溝通的過程中，採用「單向」的溝通方式，無形中埋下失敗的肇因。單向溝通方式帶有強迫接收的性質，並不適合發掘顧客需要的心理要求。從事商業事業的推銷人員，必須學習更完善的溝通模式。

完整的溝通模式是雙向性溝通，它讓接收者傳達自己對資訊的反應，能讓傳送者更有效掌握資訊的傳送方向。

成功銷售的關鍵，在於把顧客的心聲分成兩種類型，每一種類型都有不同的傾聽技巧和方式，幫助自己掌握顧客的需要，這就是足以令推銷員成功致富的「傾聽廉價原理」。

這兩種類型爲：

1. 傾聽顧客抱怨。
2. 傾聽顧客認同。

掌握「傾聽廉價原理」，可以以根據不同的需要，打進顧客的世界。然而，在這個過程中，仍然存在著許多難以克服的障礙，要盡全力解決的。

傾聽的障礙，便是干擾資訊傳遞的噪音。當溝通雙方就傳達資訊進行詮釋時，噪音會妨礙彼此對傳達資訊的了解程度。

從接收者是否能夠掌握資訊的角度衡量，干擾的噪音可以分成兩類：

1. 外部噪音——來自資訊接收者外部的噪音來源。
2. 內部噪音——來自資訊接收者內部的噪音來源。

外部噪音關係到資訊傳遞者表達的方式、說話的速度、態度等因素，以及溝通環境的干擾與變化等因素。

內部噪音關係到資訊接收者情緒上的變化，像激動、緊張、興奮，或缺乏興趣等因素，以及個人傾向，如成見或接收方式的影響。

如何排除以上障礙呢？

• 排除外部噪音

1. 集中注意力。
2. 習慣不同的口音與說話方式。
3. 加強專業知識。
4. 適時發問。
5. 選擇安靜的聚會場所。
6. 避免會發出干擾的物品。

- **排除內部噪音**

1. 積極的傾聽態度。
2. 降低情緒的干擾。
3. 避免成見的判斷。
4. 養成筆記的習慣。

經過持續的傾聽技巧訓練，能力一定會提升許多。你是否已經注意到自己傾聽技巧的優點所在？缺點呢？應該如何改進？

看看別人，想想自己，這是推銷事業能夠創造奇蹟的原因之一。

不妨多多觀察成功的推銷員，他們的傾聽技巧如何，以及自己可以從他們身上學到些什麼。

頂尖的業務員之所以能巧妙地了解顧客的需求，就在於他們不僅有說話的技巧，也懂得傾聽，能夠隨時從對話中捕捉訊息。

會說，更要會聽。想成功抓住他人的心，兩種技巧千萬不可缺一。

只要有理，反駁未必不可以

俗話說：「顧客都是對的」，不是要你對顧客唯唯諾諾，而是在不冒犯自尊的原則上，提供正確資訊和知識。

反駁，是指推銷人員根據較爲明顯的事實與理由，直接否定顧客異議的一種處理策略。

反駁在實際運用中，可以增強推銷面談的說服力量，增強顧客的信心，節省推銷時間，提高推銷效率，更可以給顧客一個簡單明瞭不容置疑的解答。因而正確地靈活地使用反駁，可以有效地處理好顧客異議。

但是運用不好，卻極易引起推銷人員與顧客的正面衝突，可能會增加壓力，甚至激怒顧客而導致推銷失敗。如果因爲直接反駁而使顧客感到自尊心受傷害，那麼，即使產品再好，顧客也會拒絕購買。

另外，在使用反駁法的過程中，如措詞使用不當，會破壞推銷氣氛以及推銷面談雙方的情緒，從而使推銷陷於不利之中，使整個活動在顧客原有異議之外，又增加了新的障礙。

所以，反駁絕不可濫用！

運用反駁處理法處理顧客異議時，應注意以下幾點：

- **反駁不可濫用**

反駁只適用處理因爲顧客無知、誤解、成見、資訊不足而引起的有效異議，不適用於處理無關與無效異議，因情或性問題引起的顧客異議，有自我表現慾望與較爲敏感的顧客所提出來的異議。

- **反駁必須有理有據**

用以反駁顧客異議的根據必須是合理的、科學的，而且有據可查，有證可見，因而最好透過講道理的方法，去進行澄清。

推銷人員在反駁顧客異議的過程中，必須注意講話的邏輯性，應首先明確指出顧客的異議內容，釐清異議性質與根源，然後，由淺到深提出事實證據理由，依靠事實與邏輯的力量說服顧客。

•反駁仍然要友好

推銷人員在反駁顧客異議過程中，應始終貫徹友好眞誠的態度，維持良好的推銷氣氛。

首先，推銷人員應理解，即使顧客是因爲無知而提出購買異議，自己反駁的也只是錯誤的看法，而絕非顧客的人格。所以，在反駁顧客異議過程中，推銷人員既要關心推銷的結果，更要關心對方的情緒與心理承受能力。

推銷人員應面帶笑容，用詞應委婉，語氣誠懇，態度眞摯。同時，隨時注意顧客的行爲及表情的變化，揣摩顧客的心理活動，使對方既消除了異議，又學到了知識，感到推銷人員爲顧客著想的基本態度，從而維持良好的互動關係與合作氣氛。因爲，從消費與購買心理學觀點出發，顧客的認知、情感與意志都直接影響著購買決策，不可不慎。

●反駁要注意提供的資訊量

推銷人員在反駁異議過程中，應堅持向顧客提供更多的資訊，從現代推銷學的原理去認識，應該把反駁理解爲以新的資訊去更正原有的過時資訊，以眞實的資訊去反駁錯誤的虛假資訊，以科學的知識去反駁不正確的無知。

所謂「顧客都是對的」，不是要你對顧客唯唯諾諾，而是在不冒犯自尊的原則上，適時否定錯誤觀念，提供正確資訊和知識。

因此，在運用反駁處理法處理顧客異議的過程中，應始終堅持以資訊的傳遞與提供爲基礎，以推銷教育爲手段，以傳遞知識與購買標準爲目標，堅持向顧客提供資訊。如此，才能使對方了解情況，了解產品，了解推銷人員，並解除誤會，增進知識，增強購買信心。

與反對的聲音達成共識

面對顧客的反對意見，要保持冷靜對待。應當態度自若，避免和顧客爭吵，進而靈活運用方法來解決問題。

反對意見是顧客對推銷人員及推銷的產品、推銷行爲的必然反應。常言道「嫌貨才是買貨人」，從這個意義講，反對意見不是推銷的障礙，而是顧客對商品感興趣，即將成交的信號。

因此，推銷行家認爲，只有當顧客提出意見時，才是推銷工作的開始。要認識到顧客提出反對意見是正常現象，正確對待反對意見，認識反對意見的實際意義，甚至主動要求並歡迎顧客直接提出。

從推銷心理講，顧客的購買決定既受理智的控制，也受情感的控制，推銷人員與顧客爭吵絕對會傷害感情，即使推銷人員取得了爭吵的勝利，也失去了成交的機會，並不值得。

你應研究顧客的心理狀態，講究說服藝術，不要讓顧客難堪，遇到狀況，可以委婉地說：「我知道自己還沒有完全解釋清楚……」或者說：「對不起，我使你產生了誤解。」以此來化解當前的矛盾。

此外，應尊重顧客的觀點，即便自己認爲是錯誤的，或者根本不同意，也要認眞聽取，讓顧客暢所欲言。

這樣做有利於保持友好的氣氛，並減輕顧客的心理壓力。

如果顧客不需要你說出個人的看法，或者根本不把你當成行家徵求意見，就要儘量不提出自己的個人看法，不要說：「如果我是你，我就……」或者：「我自己就使用過……」這樣的話語，在內行的顧客看來，既缺乏說服力，又不夠眞誠。

處理顧客異議時，推銷員常用的語言技巧有以下幾種：

．做好準備

在與顧客面談之前做好充分準備，事先對顧客可能提出異議的地方做詳盡的闡釋，以克服反對意見。使用此方法應注意不要使用一些刺耳的詞句，以免引起顧客的反感。

把推銷要點分成許多部分，然後用提問的方式提出，在提出推銷要點之後，要檢查一下顧客是否接受。

很可能有你認爲正確的建議，而顧客卻認爲是難以理解的情況，所以要謹愼引導顧客按照你的方法看問題。

經驗證明，做好上述幾點後，在與顧客面談時，可以大大減少顧客的反對意見，使氣氛和諧。

．不直接反駁顧客

這種方法的談話形式是「對，但是……」，它是根據有關事實和理由來間接否定顧客意見的處理技巧。

使用此法的優點是不直接反駁，而間接否定顧客意見，一般不會導致冒犯，有利於保持良好面談氣氛。同時也爲談話留下一定餘地，有利於根據顧客的意見，提出具體的處理辦法。

例如顧客說：「我不喜歡這樣式，太難看了！」根據觀察分析，這意見的根源是顧客的個人偏好，對於這種敏感的問題，不宜直接加以反駁，而應委婉地伺機處理。你可以說：「先生，您的看法有一定道理，但是您是否也認爲這種式樣具有新的特色……」

這種方式是承認顧客的意見，先退後進，繼續進行銷售面談和示範，間接否定顧客的反對意見，卻不至於傷人。

• 善加利用顧客的意見

這是利用顧客反對意見，適當提取利於推銷的那一面，作爲洽談的起點，展開說服和示範的方法。

顧客的反對意見同時具有雙重性，既有阻礙成交的可能，又有促成交易的希望。

推銷人員應利用顧客意見的矛盾性，發揮積極因素，克服消極因素，有效地促成交易。

這種方法既不迴避顧客的意見，又可以透過改變有關意見的性質和作用，把顧客拒絕購買的理由轉化爲說服購買的理由，還可以營造良好的洽談氣氛，有利於完善處理意見。

例如，顧客說：「又漲價了，買不起。」

經過分析，意見的來源主要是偏見和物價上漲，於是，推銷人員說：「這商品是漲價了，而且還會繼續上漲，現在不買，將來恐怕眞的買不起了。」

這就是一個明顯的範例，把拒絕購買商品的理由轉化，搖身一變爲說服顧客購買的理由。

●利用產品優點

某些時候，顧客的反對意見確有道理，採取否認的態度是不明智的做法。推銷人員應承認顧客是正確的，然後利用產品的優點來補償和抵消這些缺點。

使用產品優點的方法來處理反對意見，可以使顧客達到一定程度的心理平衡，有利於排除成交障礙，促成交易。

例如，顧客說：「我要買一部帶耳機的收音機，可是你這種是不帶耳機的，我不要！」

推銷人員便可說：「這種收音機是不帶耳機，但是要買帶耳機的就要多花一些錢，其實耳機用的時間也不多，您何必花這些錢呢？再說這種收音機已經裝有插孔，萬一要用，您可以買一副更好的呢！」

●迴避法

顧客主觀的反對意見是難以消除的，因此，對於過於主觀的反對意見，只要不直接影響成交，推銷人員最好不回答，更不要反駁，迴避處之。推銷經驗告訴我們，有相當多的反對意見，是可以置之不理的。

例如，顧客說：「你是某某公司的推銷員？那個鬼地方眞不方便。」

這一個與成交無關的意見，不影響交易，因此推銷員不予理睬，便說：「先生，請你先看看產品……」跳過與成交無關的意見，繼續進行面談。

「這東西太貴了！」

一位顧客提出了反對意見，推銷人員認爲這意見出於偏見，決定置之不理。於是，他繼續說道：「先生，關於價格問題，現在我們暫且不談，還是請您先看看產品吧！」

推銷人員不理睬顧客提出的「太貴」意見，繼續談產品，當顧客眞正理解了產品的用途和特點後，先前所謂的「價格太貴」的意見也就不復存在了。

面對顧客的反對意見，要保持冷靜對待。如果處理不冷靜，口氣不當，就會引起顧客的反感。

因此，遇到顧客持有反對意見時，應當態度自若，避免和顧客爭吵，進而靈活運用方法來解決問題，達成交易。

說服的關鍵，在於口才表現

> 適度的自我宣傳與推銷，輔以具緩和作用的幽默感，使一切在親切融洽氣氛中進行，是達成交易的最理想情境。

有時候，顧客其實很想買你的產品，但不知道這個決定對不對、好不好，因此提出各種問題，或自己站在反方說出各種不想買的藉口，等著你給他信心，說服他購買。

顧名思義，凡是「說服」行動，必定跟語言脫不了關係。事實也確實如此，我們可以說，說服的關鍵正在於口才表現。

• 怎樣發揮「攻心」效應

一家銷售名貴珠寶的銀樓，一早開門不久，便走進一對華僑夫婦。夫人看中了一只相當華美的鑽石戒指，從女店員手中接過之後看了又看，顯然是愛不釋手。但當她看清標價後，便搖了搖頭，顯現出為難的樣子。

夫人說：「好是好，就是……」

女店員一聽，心下會意，馬上接口：「夫人，您真有眼光，這戒指確實漂亮，但相對的價格也高。上個月，市長夫人來到店裡，也同樣看上了它，非常喜歡，但因為價錢問題，終究是沒有買下。」

這時，那始終沉默的先生開口了：「小姐，真有這樣的事情嗎？連市長夫人都喜歡這個戒指？」

女店員當即點了點頭，只見先生考慮了一下，說：「小姐，請開發票，我要買下這個戒指。」於是，這枚放在店裡兩年始終未能售出、價格昂貴得驚人的鑽石戒指，終於順利成交。

這個例子之所以成功，訣竅正在於巧妙運用了語言的「攻心」效應，以堂堂市長夫人也未能買下的消息爲「誘餌」，激發了那名華僑先生「求名」的心理慾望，達成交易。

● 進行自我宣傳與自我推銷

人們在自我誇耀時，總多少感到左右爲難，希望表現自己，讓別人賞識，同時又害怕被別人認爲自誇自大，一點不懂得謙虛。

在東方社會，長久以來的道德標準認定謙讓是美德，可隨著時代變遷，社會競爭日趨激烈，「自我推銷」顯得越來越重要。

學會適度自誇是相當重要的才能，而在進行自我誇耀時，首要就是表現幽默感，務求讓別人在笑聲中接受。

自誇並不可恥，而是一種宣傳，畢竟廣告是所有商業行爲的基礎。但是，如果採用過分或低俗的方式自我炫耀，就會招致反感。因此，自我宣傳和自我誇耀首先應具有適度的幽默感，並保持在適當程度。

例如，日本的「丸牛百貨公司」，有一句相當幽默的廣告語：「除了愛人，什麼東西都賣給你。」

●說服顧客是盈利的關鍵

不管在哪一行業，說服客人的能力都是非常重要的經營之道。以下是幾則小笑話，開懷之餘，也請你細細品味對話中的奧妙：

有位為自己身後事著想的老人，來到一家葬儀社，打算預購棺材。店主一聽，很熱心地向他介紹各種價格不同的棺材。

聽了半天之後，老人忍不住詢問店主：「請問一下，三十萬元的和兩萬元的，究竟有什麼不同？」

「不同可大了！最明顯來說，三十萬元的棺材設計比較符合人體工學，內部有足夠的空間，可以讓你的手腳充分伸展。」

另一則笑話則與生髮水相關，是這樣說的：

一名客人聽了老闆大力介紹的某種強效生髮水後，疑惑地問道：「這……真的有效嗎？」

「當然啦！我的顧客當中，甚至有人連續用了五年啊！」

也有另一種版本，面對同樣的質問，老闆如此回答：「那當然啦！不過，這種藥在使用上稍微有點麻煩，就是必須要用棉花棒擦抹。那些以前用手直接沾著擦的客人，事後都抱怨連連，說雙手都長了毛，簡直跟猴子沒兩樣。」

推銷的最大忌諱，就是激怒客人，因此可說幽默感是必備「武器」。適度可信的自我宣傳與推銷，輔以具備緩和作用的幽默感，使一切在親切融洽的氣氛中進行，是達成交易的最理想情境。

成功的銷售源自說話技巧

在現在沒有硝煙的商場上，銷售員若能像古代縱橫家一樣，巧舌如簧，精選話題，當作銷售的潤滑劑，便如同掌握了高明的武器一樣，戰無不勝。

過去，銷售術一直被誤認爲是「銷售員的說話藝術」，即銷售員一面對顧客察顏觀色，一面滔滔不絕、口若懸河地自說自話，達到銷售產品的目的。

我們當然不贊同爲了銷售業績而把一筐爛蘋果說成是好蘋果的做法，但我們必須佩服這一類銷售員，他能說服潛在購買慾望非常小的人，對自己的產品興趣盎然，欣然掏錢。

但現在的銷售，注重的是與顧客之間的對話，與其讓銷售員單方面說話，倒不如站在聽的立場，聆聽顧客的意見，並從顧客說話的內容觀察他對商品感興趣的程度，最後才能說服顧客進行交易。

對話當然可能是無話不談，但最終還是要把話題引到商品上，當談及商品時，重心應放在商品的功能上。

在對商品進行說明時，顧客會不斷地質詢，你要不厭其煩；當進入討價還價階段或詢問價格時，就表示顧客基本上已經傾向購買了；最後顧客決定交易，或簽訂購銷契約、或是現金交易；交易完畢，你便可視情況轉向輕鬆的話題，尤其是冗長的交談後，更需要這樣。

巧妙的說話，能增強親切感。

銷售員拜訪顧客時所用的言語，是關係到面談成功與否的重要條件，必須時常研究能夠給人特別好感的說法。例如，要常常使用感謝的話；說話須有條理，能說出要點；使用恭維話稱呼人；說話須親切，儘量避免使用術語與外國語，當然對內行的顧客則不在此列……

語言是傳遞銷售訊息的重要媒介，銷售語言必須是既有科學性，又有藝術性的。沒有科學性，銷售語言就缺乏說服力；同樣的，沒有藝術性，銷售語言也就談不上是一種有效的情感交流物。

中國古代春秋戰國時期的「縱橫家」，熟讀詩書，胸懷經天緯地之才，憑著三寸不爛之舌，坐著牛車周遊列國，爲各路諸侯出謀劃策，無論是開明的君主，還是鑽研霸術的王侯，都常會被這些「縱橫家」說服。

在現在沒有硝煙的商場上，銷售員若能像古代這些縱橫家一樣，巧舌如簧，精選話題當作銷售的潤滑劑，便如同掌握了高明的武器一樣，戰無不勝。

如何善用語言的魅力

> 真正的語言魅力來自於情感，來自於真誠為對方著想，來自於對聽話人的尊重。只有尊重而又為對方著想的語言，才能產生心靈的共鳴。

銷售員與顧客的交往當中，一開始就要通過講話來洽談業務，因此，在商品銷售中必須講究談話的技巧。

從許多行銷事例可以看出，語言藝術在銷售產品的過程中佔有絕對的重要性。只要語言運用恰當，嚴肅的談判就變成了朋友間的談天，自然少了很多隔閡。如果能以輕鬆幽默的言語面對顧客，銷售任務就可在談笑中圓滿解決。因此，我們可以這樣說，成功的銷售源自語言的藝術。

有位行銷心理學家曾經強調說：「吸引聽眾的說話技巧，就是使聽者憎惡、發笑或者悲傷。」

只會生硬地說一聲「您好」的銷售員，或一開口就是陳腔濫調的銷售員，顧客往往都沒有興趣聽下去，難免被人掃地出門。

眞正的語言魅力來自於情感，來自於眞誠爲對方著想，來自於對聽話人的尊重。只有尊重而又爲對方著想的語言，才能產生心靈的共鳴。

銷售員在銷售商品與對方的接觸中，要讓對方感到自己是誠實的。說話也要符合雙方的身份，流於俗套的虛僞應對，只會引起對方的反感。

例如，當你在櫛比鱗次的商店街閒逛，無論走進哪一家店，店員都說著雷同的話語的時候，你可能覺得那些詞藻只是他們的「工作語言」。

銷售員一定要注意說話的口氣，把話說得親切、和藹、謙遜，既恰如其分，留有餘地，又使顧客感到愉快、信任，如此，顧客才會在輕鬆愉快的心情中掏出錢包，完成交易。

毫不吝嗇地稱讚和朋友式的熱情交談，會使顧客如同走進了一個不設防的區域，放心地挑選、購買商品。毫不做作的熱情可以激發了他們的購買慾望。

顧客總是喜歡與熱情、開朗的銷售員談生意。因爲他們能帶給顧客一個愉快的心情和周到的服務。

銷售員的熱情來源於兩個方面，一是善於使用讚美，給顧客創造一個適合心意的熱情氣氛；二是交談中不斷介紹豐富的商品知識和有關的最新訊息，使顧客感到與銷售員接觸獲益匪淺，在熱烈的話語中度過一段愉快的時光。

培養隨機應變的能耐

銷售員可能遇到的意外情況相當多，這些不斷變化的因素，都要求銷售員具備隨機應變的口才與機智，以適應各種銷售場合、各類不同的對象。

談買賣，難免遇到困難或出現僵局，這時可以考慮採取語言上的「迂迴策略」，比如轉移話題、避免正面爭論、以退爲進……等等。

有一位外國記者奉命前去採訪一位工業鉅子，他不願採取一問一答的刻板方式，認為最妥當的方式是設法與這位富翁聊天。然而，這位富翁對社交活動毫無興趣，彼此間的談話簡直無法進行。

記者在窘迫中靈機一動，想起了他剛進門時看到的一群小狗。於是他話題一轉，談起了那群小狗。

富翁的精神頓時一振，原來他對自己養的小狗頗為自豪，便滔滔不絕地談了起來。這樣，在記者的誘導下，這次採訪工作終於成功了。

銷售員拜訪客戶，可能遇到的對象、場所均是一個未知數，這更需要具備隨機應變能力。

例如，首先要找什麼部門，找不到負責的人又該怎麼辦；如果遭到拒絕又將如何引起他的注意；有人在場，怎樣排除干擾……等等。對於這些可能發生的事，事先心中都要有一套應付的辦法，否則，自然會措手不及。

有一句話說得好：「市場是不相信眼淚的。」

從許多失敗的事例不難看出，大部分的銷售員既缺乏勇氣，更缺少應變的能力。

他們的第一個失敗之處在於沒有準確找到有權做決定的銷售對象。

第二個失敗之處是，他們一聽到「我們不需要」或被顧客拒絕時，往往支支吾吾無言以對。

銷售員隨時都可能遭到顧客的拒絕，應該如何輕鬆應付，心中事先應有模擬方案，才不會手足無措。

第三個失敗之處是，即使對方堅決拒絕，離開時也應盡可能留給對方一個良好的印象。同時，每到一處，都要盡可能多地瞭解一些情況，以便下次再接再厲，而不是一遭拒絕就垂頭喪氣地離開。

銷售員可能遇到的意外情況相當多，這些不斷變化的因素，都要求銷售員具備隨機應變的口才與機智，以適應各種銷售場合、各類不同的對象，這是銷售員不可或缺的重要條件。

不可小看迎合奉承的魅力

談話藝術的精妙之處，就在於善用人性共同的「弱點」，滿足對方希望得到重視的潛在慾望。

過去，美國總統大多是律師出身，爲什麼會這樣呢？

因爲，律師懂得說話的技巧，能言善辯，當他們轉行從政，更深諳如何以熱情的語氣迎合選民，激發數萬人民的熱情。例如，林肯在蓋茨堡短短幾分鐘的演說膾炙人口、感人肺腑，勝過了平庸政客冗長的喋喋不休。

善於運用語言藝術，就可以輕巧地敲開顧客的心扉。

精緻的說話藝術訣竅在於適當得體的稱讚。

人一被人稱讚，態度通常就會有一百八十度大轉彎，這也就是爲什麼當代激勵大師戴爾・卡耐基要將虛榮、慾望、希望得到重視，稱爲人性共同的弱點。

在這個市場化的社會，是用平等的交換來滿足希望被人重視的慾望，推動包括銷售員在內的人去奮鬥，從而增加了社會的福音。

談話藝術的精妙之處，就在於善用人性共同的「弱點」，滿足對方希望得到重視的潛在慾望。

卡耐基曾說過一句名言：「在跟別人相處的時候，我們要記住，和我們交往的不是邏輯的人物，和我們交往的是充滿感情的人物，是充滿偏見、驕傲和虛榮的人物。要瞭解別人，我們需要個性和自制。」

銷售員想精進談話技巧，應該瞭解大多數的人都想擁有：自己和家人的健康、生活的幸福、親人的團聚、足夠的金錢、物質上的滿足、子女的幸福、擁有受敬重的感覺……

適時的抬舉可以建立新關係

人怎麼會拒絕別人的抬舉與尊重呢？有時候，人還有些感激為他帶來榮耀的人。給予別人足夠的重視，會大幅度改善你與別人的關係。

以眞誠的語氣讚揚以及虛心向顧客請教，會讓顧客認爲你重視他，覺得自己是個重要的人物。

瓊斯是一個原材料供應商，一直想和材料包銷商約翰建立更密切的業務往來。約翰的公司雖然業務量大，在營銷市場信譽不錯，但約翰待人卻是極為傲慢、刻薄、寡情。

每次瓊斯一登門拜訪，坐在辦公桌後的約翰往往就大吼：「今天什麼都不要！不要浪費你我的時間！滾出去！」

瓊斯屢屢碰壁，只好苦思其他接近約翰的方式。

某次，瓊斯正準備在某個地區設立一個新的辦事處，恰巧約翰對那個地方正好很熟，並且業務量極大，因此藉機前去拜訪。

這一次拜訪時，瓊斯一進門就說：「先生，我今天不是來銷售東西的，我是來請教您一些事情，不知道您能不能抽出一點時間和我談一談？」

「嗯……好吧。」約翰想了一下子說，「什麼事？快點說。」

瓊斯於是開口說道：「我想在某區設立辦事處，您對那個地方十分瞭解，因此，特地來恭聽您的高見，請您不吝賜教。」

「請坐，請坐。」這招果然奏效，約翰用了一個小時的時間詳細解說了那個地區的市場特徵和優缺點，而且和瓊斯討論了拓展營業的方案，最後，還和他聊起了家務事。

那天走出瓊斯走出約翰的辦公室時，不僅口袋裡裝了一份初步的訂單，而且還和約翰建立堅固的業務和友誼基礎。

約翰的態度爲何有一百八十度的轉變？

這是因爲他從向瓊斯吼叫、命令走開的粗暴方式獲得一定的快感，但也意識到如果瓊斯不想向他銷售產品，那麼自己什麼都不是。現在瓊斯居然不是爲銷售產品而登門拜訪，並且必恭必敬地請教問題，使他的榮耀感得到滿足，感覺自己受到尊重。

人怎麼會拒絕別人的抬舉與尊重呢？有時候，人還有些感激爲他帶來榮耀的人。給予別人足夠的重視，會大幅度改善你與別人的關係。建立了這層人情關係，以後彼此的往來就會更加密切。

小心問題裡暗藏的言語陷阱

商業談判過程中，提出的問題往往能達到誘導作用，所以有問必答很可能不知不覺陷入對方的圈套裡。

談判是一種動態的、充滿變數的活動，總難以完全如預想般順利。一來一往的交涉過程中，常會面對下列幾種狀況：

- **不知道應該怎麼回答**

有時，你會不知道該如何回答某個問題，也有些時候，你需要一段時間來整理自己的思路。

大可表明還需要考慮的時間，而不要倉促地給出不理想的答案。

● 對答案一無所知

如果對方提問，你卻對答案一無所知，那麼就婉轉地表明「我不知道」，然後設法找出來。可以告訴對方：「我現在不清楚那個地區的銷售狀況，但是我可以查一查，明天上午之前給你答案。」

千萬不要冒險猜測，除非明確地告知聽眾你的回答僅僅是猜測。

● 需要較長時間思考

碰上需要思考才能回答的問題，不妨說「這個想法很好，讓我們一起來思考」，然後寫下問題的要點，釐清脈絡。

● 感到難堪或為難，不易回答

有些問題非常不易回答，甚至會使人感到難堪，因爲它們的意思不明確，或者懷有相當敵意。

這時候千萬要保持冷靜，以從容態度擺平危機，不要讓喜怒形於色。

● 提問者的問題涵義不明確

涵義不明確的問題一般說來會比較長，不連貫且涵蓋面廣泛。面對這種情形，在解答之前，不如先設法換句話說，找出眞正的焦點所在。

如果提問者堅持原來的提法，不願意加以調整，你不妨直接告訴對方「可惜我們沒有足夠的時間討論」，或者「可能要等到談判結束後，才有辦法進行更深入的探討」。

● 提問者的問題具明顯控制傾向

有些問題根本不是眞正的問題，只是一些陳述。對於這種「迷你談判」，你大可不必花太多心思回答，只需要對他們的評述表示感謝，對他們的想法加以說明，然後便可繼續談判。

另一種具控制傾向的問題，是聽衆自問自答或專以自己的興趣爲目的。面對這類

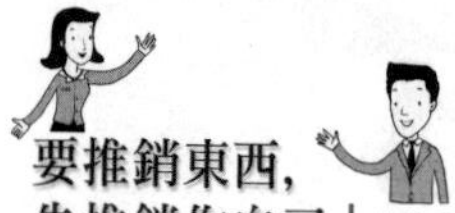

情況，你必須考慮是否需要重新提出雙方的溝通主題，或者改變思路，把問題回拋給提問者，諸如反問：「那麼，您認爲我們該怎麼辦？」

● 對方的問題或態度不友善

聽衆可能會因爲資訊的不足、欠缺安全感而產生敵意，這時，你該嘗試用事實與道理來打動他們。

面對不友善的問題，回答前請務必先深呼吸一口氣，避免以情緒化態度回應，讓狀況變得更遭。

有些時候，你能夠找到你與提問聽衆的共同之處，例如「你我都在努力做最符合客戶利益的事」，不過也有些時候，你會別無選擇，只能承認自己不同意提問者的觀點，然後清晰明確地解釋雙方的差異，以求加以說服。

商業談判過程中，提出的問題往往能達到誘導作用，所以有問必答很可能不知不覺陷入對方的圈套裡。

談判高手絕對不會「知無不言」，而會聰明地視情況差異，採取分別應對原則，說出最合宜的話：

1.回答問題之前，給自己一些思考的時間。

2.未完全了解問題之前，千萬不要回答。

3.有些問題根本不值得回答。

4.有時候，回答整個問題，倒不如只回答某一個部分。

5.逃避問題的最好方法，就是顧左右而言他。

6.以資料不全或不記得為藉口，暫時拖延。

7.讓對方闡明自己的問題。

8.倘若有人打岔，不妨就讓他打擾一下。

9.針對問題作出的答案不一定就是最好的答案，甚至可能是愚笨的回答，所以不要在這方面花費太大工夫。

別小看任何一個問題，裡面可能都暗藏著重要訊息或對手佈置的陷阱。有問必答是愚蠢的行為，會讓你洩漏太多資訊，千萬不可不慎。

PART 5

口氣決定你的運氣

如果說興趣，是談話的潤滑劑，那麼，風趣幽默就是銷售的調味料。冗長而無趣的銷售、說明是很煩人的，銷售員如不能適時來一點「噱頭」，客戶就會昏昏欲睡。

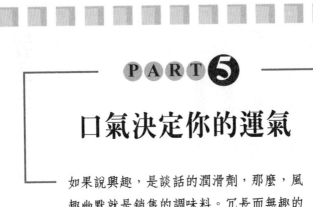

發揮讚美與微笑的魅力

當顧客不接受產品或服務，甚且挑剔抱怨時，只要堅持內心的愛和臉上的微笑，一樣可以化解歧見與煩惱。

有誰喜歡聽別人批評自己？又有誰不喜歡聽別人讚美自己？

答案其實再明顯不過，無論表現得多麼豁達大度，事實上，每一個人都不喜歡被批評，卻都喜歡受讚美。

所以，知名的古羅馬政治家西塞羅說過這樣一句話：「我們都會為愛的禮讚而興奮不已。」

千萬別小看了讚美的威力，它不僅能讓人感到愉快，更能激勵他們看到自己身上最好的一面，並且更喜歡你，願意接近你。

所以，絕對不要吝惜眞誠的讚美，而應慷慨地將它們散播給所遇見的每一個人，讓大家都能在茫茫世界中感受一些溫暖，所謂愛的禮贊。

下一次，和陌生人初見面時，不妨馬上加以讚美，無論是對他的行爲、外表，或者擁有物。只要分寸拿捏得宜且方式高明，對方必定會馬上感覺到誠意和友好，願意進一步展開交往聯繫。

初見面時的讚美，該如何進行較恰當？以下是三個基本原則。

●不宜太直接，最好不留痕跡

東方民族普遍較含蓄，因此與陌生人相處時，太過直接露骨的讚美很容易被認爲虛情假意，讓人無法相信，甚至因爲肉麻而起反感。

爲了避免弄巧成拙，你可以從與當事人相關的人或物著手。

「這是您的孩子嗎？幾年級了？長得還眞是漂亮啊！」

「這個髮型，搭配身上這件衣服，整體感覺非常適合呢！」

•態度真誠，措辭委婉

讚美一定得出於眞心的欣賞，要有事實依據，並且委婉貼切。越是誇張牽強的語言，越容易弄巧成拙，讓對方感到被愚弄不說，印象更是大打折扣。

唯有出自善意的建議，足以讓人感受到眞心誠意的關懷和讚美。

如果只說「你的髮型不錯」，對方很容易認爲這不過隨口說說，形同敷衍，但若進一步說「瀏海若再稍微短一點，就更有精神了」，如此既間接稱讚了現在的髮型，又提出更好的善意建議，不會讓人覺得只是虛僞的奉承，而是發自內心眞正的重視與關心，效果自然不可同日而語。

•面帶親切微笑

「帶著微笑從事銷售，使我無往而不勝。」一位成功的推銷員曾這樣說。

一點也沒錯！微笑有著無比神奇的魔力，不僅可以使自己的精神得到放鬆，增強自信，更能夠架起心與心的橋樑，讓你和陌生人之間的距離迅速縮短。

俗話說「伸手不打笑臉人」，對人微笑等於告訴別人「我喜歡你，很高興能見到並認識你」，如此善意，誰能拒絕？

推銷就等同在銷售一種服務，服務的人自然必須做到熱情周到，而不能冷若冰霜。微笑，是與人交往時最初的一道陽光，能讓對方體會到友善。

微笑很特別，它不能買、不能求、不能借，只能自然而然發自個人的內心深處。唯有時刻想著與陌生的朋友分享愛、分享歡樂，才能面帶親切自然的微笑，讓所有接觸的人都無法抗拒。

當顧客不接受產品或服務，甚且挑剔抱怨時，只要堅持內心的愛和臉上的微笑，一樣可以化解歧見與煩惱。維繫良好關係，還怕以後沒機會嗎？

用眞誠的態度和臉上的微笑包裝你的讚美，絕對能讓說出的每一句話都收到更大的實質效益，不妨一試。

真誠地讚美你的客戶

讚美應是真誠的，虛假過分的恭維只是拍馬屁，這樣只能導致失敗。銷售員應學會敏銳地發現對方的優點，給他誠實而真摯的讚美。

美國心理學家威廉・詹姆士說：「人類本性最深的企圖之一是期望被讚美、欽佩、尊重。」

被讚美可以說是人的一種心理需要。其實每個人的潛意識裡都渴望被人讚揚，因爲那樣才會知道別人對自己的認同。

有一個老師曾做過一個試驗，將一個班的學生分爲兩部分，對一部分的學生和顏悅色，而且常常是讚賞與疼愛，對另一部分學生則是板著一副臉孔，常常加以苛責與批評。

結果學期末，常被讚揚的那一部分學生，學習成績大幅上升，而另一部分經常被責罵的學生成績則慘多了，他們的成績大幅下降，甚至有人覺得老師面目可憎，對上課一點也提不起興趣。

有一個喜歡自助旅遊的女性到過許多國家旅遊，別人都認為她一定會很多種外語，結果她說：「其實，我每到一個地方，只學會了兩句話，那就是『你好』，『眞漂亮』。」

光憑這兩句話，就使她順利解決了食衣住行方面的難題，由此可見讚美別人的妙處有多大。

但是，銷售員拜訪客戶時，也不能光說讚美的話，那會讓人對你的話裡的眞實成分產生懷疑，顧客會認爲你是爲了讓他買你的東西才不得不恭維他，並不是發自眞心。

讚美應是眞誠的，虛假過分的恭維只是拍馬屁，這樣只能導致失敗。銷售員應學會敏銳地發現對方的優點，給他誠實而眞摯的讚美。

銷售員必須以找出對方的價值爲首要任務，這樣，便會使銷售在友好、和諧的氣氛中完成交易。

當你讚美一個人的優點，有可能那是他自己都沒有發現的，對方會因此對自己有了新的認識，可能會由此而創造出一個嶄新的「自己」。你可能也沒有想到自己在他的轉變中，扮演了鼓勵他、幫助他發現自我的角色，只感覺到對方對你的好感越來越強烈。

發自肺腑的讚美，能產生意想不到的奇效。濫用的讚美、毫無誠意的虛僞之詞，則恰似拍馬屁拍在馬腿上，只會讓對方感到嫌惡。

口氣決定你的運氣

冗長而無趣的銷售、說明是很煩人的，銷售員如不能適時來一點「噱頭」，客戶就會昏昏欲睡。

通常，當你知道你的客戶的興趣、愛好之後，充滿熱忱地與他談論這些的話題，你會發現得到的是完全不同的反應。因爲，那是客戶的興趣所在，可能是他的生命之焰。

但是，你在與客戶談論他們的興趣時，最好不要中途突然提及你的產品。興之所在，客戶會覺得與你相當投緣，這樣的話，以後做生意就不成問題了。

打動人心的最佳方式是，跟他談論他覺得最彌足珍貴的事物，當你這樣做時，不但會受到歡迎，也會使生命、事業得到擴展。

此外，要記住話多不如話好，話好不如話巧，多說「妙語」、「笑話」，必定能幫助你在銷售領域事業亨通。

如果說興趣，是談話的潤滑劑，那麼，風趣幽默就是銷售的調味料。冗長而無趣的銷售、說明是很煩人的，銷售員如不能適時來一點「噱頭」，客戶就會昏昏欲睡，當然，更多的可能是一走了之。

有位頂尖的行銷心理學專家，在總結銷售工作的說話技巧之時，把幽默感分爲三個層次：

第一是談吐風趣，而且能被自己所說的笑話逗樂。

第二是有領會各種事物幽默之處的能力，並與別人一起歡笑。

第三是勇於笑談自己，以樂觀的態度面對挫折與失敗，這樣的人才能做到真正的風趣幽默。

如何才能使自己充滿幽默感，發揮幽默的力量呢？

幽默不是天生而成的，是透過人的智慧創造出來的；會說妙語也不是天生就會的，是透過不斷的練習與學習而熟能生巧的。

妙語是可以創造的，只要細心觀察，就可以把周圍的人物所發生的故事，轉化成幽默的素材。

有一個十分敬業的空中小姐曾經敘述自己第一次上飛機的糗事。

她在機艙裡看到一對年輕的夫妻抱著一個小嬰兒，便走過去問有什麼需要她幫忙的地方。年輕的夫妻搖搖頭，嬰兒則乖乖地睜著眼睛看著她。沒能為旅客服務，讓她覺得有些遺憾，並且有一片好心被拒絕的難堪。

這時，她猛然發現這個嬰兒竟然是個玩具娃娃，隨即靈機一動，半開玩笑地說：「好吧，等寶寶需要餵奶時，儘管叫我。」

這對年輕夫妻一聽，忍不住笑了出來，「小嬰兒」更是咯咯地笑個不停，周圍的旅客知道後也忍俊不住，機艙裡的氣氛頓時既融洽又活躍，大家爭著抱玩具娃娃，誇獎玩具娃娃做得太逼真。

開個得體的玩笑，鬆弛神經，活躍氣氛，也能創造出適於交談的輕鬆氛圍，而且這種玩笑往往能發揮改變環境氛圍的作用。因此，具有幽默感是好多公司對銷售員素質的要求之一。

但是，開玩笑千萬不能過頭，而且內容要健康，態度要和善，而且行為不能過度，譬如，千萬不能拿顧客的生理缺陷開玩笑，也不能拿風俗習慣開玩笑。

前美國總統雷根是一個喜開玩笑、富有幽默感的人，可有時他太隨興，玩笑開得太過火，因而惹出許多不必要的麻煩。

例如，有一次，他在國會發表演講之前，為了試試麥克風，竟說了一句：「先生們請注意，五分鐘之後，我們將對蘇聯進行轟炸。」

此話一出，全場譁然，蘇聯還對此提出了嚴重抗議。雷根的這個玩笑不符合場合與對象，當然讓在場的人士笑不出來，而是叫人大吃一驚。

不要滿口都是生意經

不急著開口談生意，等於使自己有一個緩衝的機會，可以趁機觀察客戶的個性、興趣愛好、講話方式及講話內容等，藉以調整自己的講話方式。

日本著名的經濟評論家高島陽曾經說過一句膾炙人口的話：「一見面就談生意的人，是三流的銷售員。」

也就是說銷售員不妨先與顧客交流一下情感，引導顧客表達自己的看法。例如被允許進客廳或辦公室，老練的銷售員一般會裝出驚喜的樣子說：「哇，你家裝修好時髦、好美觀呀」、「你們這裡好乾淨啊」、「你們這裡好熱鬧呀，一定有什麼高興事」……等等，並且真心讚美值得讚美的地方。

不急著開口談生意，等於使自己有一個緩衝的機會，可以趁機觀察客戶的個性、興趣愛好、講話方式及講話內容……等，藉以調整自己講話時的重點。

我們常見有些三流的銷售員，一進門不管客戶聽不聽得明白，就嘰哩呱啦講一大串話，速度又急又快，弄得顧客不知所云。這樣的銷售員，縱使講得口乾舌燥，最後還是被戶主拒之門外。

協調的講話方式，猶如中醫的「望、聞、問、切」，根據顧客講話的特點，調整自己的內容、速度、語調、音量……等。

當你急於銷售自己的東西，說話的速度就難免會加快，音量也會提高，就會顯得比較急躁。

這就像你與人爭論一個問題，不管自己的答案正不正確，倘使不能說服對方接受，就會越來越急躁，最後音量也達到了最大，語速也快了不少，不知情的人可能會過來問：「怎麼回事，是在和誰吵架？」

這些都是銷售員應該避免的，一個好的銷售員應該視顧客爲自己的上帝，應充分協調好與「上帝」的講話方式，你會發現「上帝」其實並不都是挑剔的。

《孫子兵法》有云：「攻心為上，攻城次之。」

一個人的心理變化是相當奇妙的。在日常生活中，顧客的心理活動有大致的共同軌跡，銷售員掌握了這一軌跡，就能以不變應萬變，自然會成功地銷售出自己的東西。

一般情況下，顧客在和銷售員打交道的過程中，就如初見一個陌生人一般，會產生戒備和不安，也會產生害怕上當的心理。

這時，就需要銷售員的說服功力，顧客可能會相信銷售員，對產品有大致的瞭解，但仍不會全然相信，即使在最後決定購買時，總是會懷疑自己買的東西是否貴了。所以，在銷售東西時，千萬記住：讓顧客自己做決定。

用心去了解自己的顧客

與顧客保持同樣的語言、習慣，以同樣的方式行事，持同樣的興趣愛好，甚至宣稱有同樣的信仰，顧客就會對你產生認同感。

美國銷售心理學專家羅伯特．德格魯特曾經這麼說：「在銷售行業，你要想成功，你就必須先明白自己的產品和服務對顧客具有什麼樣的價值，你得用心去瞭解顧客。」

因爲，顧客具有支配本身貨幣的權力——買或不買；身爲消費者，他們希望自己的需求得到滿足。

瞭解顧客，應該瞭解以下三方面：一是顧客的社會階層；二是顧客的習性特徵；三是顧客的需要，或廣義上的消費者需求。

一個業績非凡的化妝品銷售員在總結自己的成功經驗時說：「我的前輩常教導我說，要瞭解化妝品的本質。化妝品不是生活必需品，而是奢侈品，昂貴的化妝品，正好可以滿足某些女性特有的虛榮心。所以，在銷售時就要多費功夫，多利用讚美的語言，讓顧客油然生起愛美之心。」

與顧客保持同樣的語言、習慣，以同樣的方式行事，持同樣的興趣愛好，甚至宣稱有同樣的信仰，顧客就會對你產生認同感。

這一點對於建立信任感，使彼此相互理解至關重要。

作爲一個銷售人員，講話的方式應該靈活多變，與顧客立足於同一層次、講同樣的語言，這一點非常的重要。

顧客的一般特徵可以經由觀察和聊天中得到，這比單純地從側面打聽顧客更易於把握，但這並不是說銷售人員就可忽視其他瞭解顧客的途徑。

顧客的一般特徵包括性別、年齡、婚姻狀況、愛好與娛樂、外表以及常用物品等。就性別來說，若顧客是異性，那麼，你的交談能力就顯得更加重要。

據心理學家測試的結果，東方國家的銷售人員面對異性顧客，尤其是年輕美貌的異性顧客都會感到拘謹，這可能是某些傳統的觀念使他們不能輕鬆自如地進行交談所致。

其實，與異性顧客打交道，重要的是不能隱藏任何一種感受到的情感。

就年齡而言，若顧客的年齡較小些，你就應盡自己的經驗做到對他有所助益，幫助他並獲得他的尊重。

顧客的婚姻狀況，對你如何介紹產品的用途是一個有用的訊息，因爲，幾乎每一類顧客都會根據個人或家庭的需求，來衡量你所銷售的產品或提供的服務是否適用。面對已婚的顧客，在銷售的每一個階段，都應盡可能地把顧客夫婦雙方都考慮在內。

如何使自己成為「銷售王」？

想要成為一個頂尖的銷售員，應該具備讓人信賴的形象，然後活用行銷心理學察言觀色，才能隨時瞭解客戶隱藏在心中的真實意圖。

行銷心理學家羅伯特．路易斯．史蒂文森在提及銷售這個行業時說：「其實，每個人都靠出售某些東西維持生計，只是形式不同。」

銷售是最古老最原始的行銷手段，遠從以物易物的蠻荒時代開始，人類就有了銷售行爲。但是，不可否認的，縱使到了電子商務蓬勃發展的今日，以人爲主的銷售行爲仍然是最直接、最有效的銷售方式，無法完全以其他行銷手段加以取代。

既然銷售是世界上最古老的職業之一，隨著時代的演進，銷售員就有著五花八門的「稱號」，例如外務、營業員、業務代表、業務經理、銷售顧問、銷售專員……等等。

在美國，有難以計數的人從事銷售工作，但是，只有百分之十懂得用好口氣創造好運氣的銷售員能夠締造輝煌的業績，榮登銷售的頂峰，成爲衆所矚目的「銷售王」（Top Salesman），其餘百分之九十的人則在曲折而又崎嶇的銷售道路上，氣喘吁吁地望塵興嘆。

對企業來說，「銷售王」無疑是傑出的「大人物」，因爲他們能以嫻熟的銷售技巧賦予商品生動的靈魂，讓顧客注意它，繼而喜愛它，並心甘情願地爲它掏出錢包。

發明大王愛迪生曾說，成功是百分之一的天賦加上百分之九十九的努力；行銷的領域也是如此，想要成爲首屈一指的「銷售王」，也必須靠著百分之一的天賦加上百分之九十九的勤奮。

很少人天生就是銷售大王，也很少人天生就具有銷售的才華。只要你不懈地努力，鑽研說話和銷售的秘訣，終有一天也會跨越那百分之十的門檻，登上「銷售王」

的寶座。

想要成爲一個頂尖的銷售員，首先應該具備讓人信賴的形象，然後在與客戶進行良性互動的過程中，活用行銷心理學察言觀色，才能隨時瞭解客戶隱藏在心中的眞實意圖。

當然，風趣幽默的說話技巧與和顏悅色的銷售態度，也是成爲「銷售王」不可缺少的關鍵要素，因爲，你談話的「口氣」，將會決定你的運氣。

銷售員必須具備什麼魅力？

銷售員沒有金錢慾望不可能成為「銷售王」，但是不能貪婪過度。日本經營大師松下幸之助說得好：「利潤是企業為公眾真誠服務之後，所獲得的報酬。」

有位詩人寫過一句寓意悠遠的小詩：「黑夜給了我黑色的眼睛，我卻用它尋找光明」，把它用在銷售方面也頗爲適合。

唯有擁有誠實正直的心靈，一個人才能用黑色的眼睛尋找到光明的遠景，尋找到屬於自己的金錢、榮譽。

某天，一個身穿工作制服的人開著一部卡車，進入市的一家汽車維修廠保養車子。保養完畢後，他自稱是某某運輸公司的資深司機，要求老闆在他的賬單上虛報一些零件費用，好讓他回公司請款，並且暗示會給老闆「好處」。但是，他的要求被老闆毫不猶豫地拒絕了。

那個司機見老闆「不識好歹」，便大聲嚷嚷：「大家都是這麼幹的，我的生意可不小，我們公司有很多司機，如果你跟我合作，以後他們就會常來光顧，何況現在修車拿回扣是保養廠公開的秘密，你不遵守這個『行規』，鐵定沒生意上門，我看，你的維修廠也別開了！」

老闆聽了十分火大，要那人馬上出去，到別處去談這種「生意」。

忽然間，那位司機轉怒為笑，並露出敬佩的眼神握住老闆的手說：「其實我就是那家運輸公司的老闆，我一直在尋找一家信得過的維修廠當固定的配合廠商，你想不想和我談這筆生意呢？」

這家運輸公司的車輛大部分在市營運，以往若是車子故障或需要保養，都是由司機自行找維修廠，不少司機趁機浮報費用。經過這番測試後，這家公司規定，所有的車輛都必須到這家維修廠維修，或指定裡頭的技師出勤。

維修廠的老闆正是因為誠實可靠得不通「情理」，反而獲得大客戶的信賴，得到

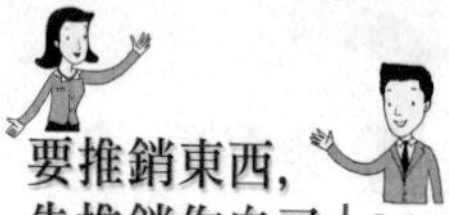

一筆固定的大生意。這個例子充分告誡我們：誠實一定會獲得回報。

記住美國行銷心理學家羅伯特．德格魯特所說的話：「你可以在某些時候欺騙某些客戶，但你卻不能在所有的時候欺騙所有的客戶！」

要做大生意，就要先學會做一個誠實的人。因為，人格是無價之寶，只有品格端正、誠實可靠，才能獲得別人尊重、信任，把你當朋友，彼此成為生意上的忠實夥伴。想要成為一個出色的銷售員，也是如此，首先要努力使自己成為品德高尚的人。假如品行不良，不僅客戶不會相信你，你的老闆、上司、同事也不會信任你。

正派經營的公司招聘營銷人員時，通常都會把品德操守列為第一要件，因為消費者、客戶、社會大眾一般都經由營銷人員來認識一家企業的形象、素質、層次。銷售人員處於企業與社會接觸的最前線，無疑是向社會反映企業內涵的一面鏡子。

事實上，消費大眾也經常透過對銷售員的評價，來評斷一家企業和它的產品。假如一個企業的業務員態度良好、敬業專業、誠實可靠，那麼消費者便能很快接受這個企業的產品。

遺憾的是，有許多銷售員忽略了這個最基本的原則，反而認爲在這個物慾橫流的世界，銷售員唯一目的就是想盡一切辦法提昇業績，爲了「獲利」可以不擇手段，使盡一切欺騙的伎倆。這種短視近利的銷售員，可能會在短時間內創下輝煌佳績，但他們絕不可能達到「銷售王」的境界。

有位資深的銷售員說：「在銷售的領域中，最低層次的是唯利是圖；最高境界則是兼顧利與義，如此業績才能長盛不衰。」

誠然，銷售員沒有金錢慾望不可能成爲「銷售王」，但是不能貪婪過度。日本經營大師松下幸之助說得好：「利潤是企業為公眾真誠服務之後，所獲得的報酬。」銷售員如果一味爲了報酬而追求業績，這樣的業績就像是美麗的「煙火」，縱然會有一時的輝煌，但終究是短促而易逝的。

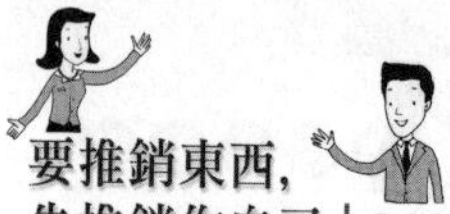

自信與熱情必須恰到好處

過分的熱情，甚至搖尾乞憐地討好顧客，反而會讓人覺得你太沒有格調，也不會信任你所銷售的產品。沒有自尊的熱情、友善，充其量只能算作諂媚。

我們必須清楚，自信並不是自負。

一個頂尖的銷售員絕不是那種自吹自擂的人。因爲「老王賣瓜，自賣自誇」的銷售方式，只會讓人嗤之以鼻，消費者最討厭的就是那種誇大其詞、給人油嘴滑舌感覺的銷售員。

頂尖的銷售員能夠在言詞方面自我克制，專注於銷售，忍讓顧客，絕不和顧客發生爭辯。

對人友善，必有回報。小狗表示友善就搖搖牠的尾巴，人則用微笑來表達。友善就是真誠的微笑，親切的關懷。

和田里惠是個懂得「用口氣創造運氣」的銷售高手，曾經連獲日本全國銷售競賽獎，七次獲得到海外旅遊渡假的機會。和田里惠對慕名前來打聽銷售絕招的人說：「我不認爲銷售有什麼秘訣，只是我太喜歡這個工作，銷售成功了固然帶來欣喜，即使失敗了，也交了不少朋友。」

她每次前去海外旅遊，總會給她的客戶寄上一些風景明信片，她說：「一則是問候他們，二則感謝他們，並請他們分享我在海外所見的美麗風光。畢竟是因爲他們的幫助，我才有機會獲獎的。」

當然，自信、熱情、友善都需要恰到好處。過分的熱情，甚至搖尾乞憐地討好顧客，反而會讓人覺得你太沒有格調，也不會信任你所銷售的產品。沒有自尊的熱情、友善，充其量只能算作諂媚。

死纏爛打不是最好的方法

銷售員光憑韌性死纏爛打，並不是最好的辦法，聰明的銷售員通常的做法是：受到拒絕後，認真思考這個客戶對自己所銷售的產品，究竟有沒有潛在需求。

業務員的工作相當辛苦，沒有刻苦耐勞的精神很難幹下去。刻苦耐勞是銷售人員必備的基本要件，同時也是一個銷售人員的資本。例如，即使是夏天，在毒辣的太陽下，我們總會看到一些銷售員行色匆匆，渾身冒汗地走訪客戶。

業務員若是沒有刻苦打拼的精神，光躺在辦公室裡吹冷氣、掛掛電話，就妄想訂單如雪片般從天而降，可能就會餓得前胸貼後背。

要做成一筆生意，往往無法一帆風順，會遇到許多困難與障礙，這時就要想辦法解決自己遭遇的問題。一定要有韌性、耐心，百折不撓。如果一遇到困難就打退堂鼓，一遭到拒絕就灰心了，那就什麼事都做不成了。千萬要記住「精誠所至，金石爲開」這句至理名言。

在知識掛帥的時代，動腦是銷售的第一步。

日本棒球明星落合博曾滿獲得「三冠王」殊榮，接受媒體採訪之時說：「我能獲得這個頭銜，並非由於過人的天賦，也不是拼命練習的結果，而是對棒球的熱愛與不斷思考。」

事實上，不論生意也好，運動也好，有許多一流的從業人員並不是全靠埋頭苦幹而得到今日的地位，而是不斷地追求完美，同時善於思考。

有句俗話說：「大腦宛如鐘錶，只有不停地走才不會生銹。」

懂得不斷思考尋求最佳答案的人，工作效率一定優於僅知道拼命工作的人。這也正是頂尖高手與平庸之輩的最大差異所在。

法國思想家伏爾泰說：「人生就是不斷思考的過程。」

的確，每個人都得認眞思考，因爲，行爲正是思考主導之下的產物。但是，並不是所有的銷售員都懂得思考。

所謂「思考」，其實是不斷的探討與嘗試錯誤後，尋找出正確答案及最好的方法。例如，有許多業務員誤解了「鍥而不捨」的意義，以爲即使是遭遇客戶一再拒絕也不死心，只要不斷地拜訪客戶，最後，對方終究會被自己的誠意感動，而做成了生意。

這種想法，就是未經過深度思考，一味以字面上的意思來解釋「鍥而不捨」。這種努力不懈的銷售精神，固然也是重要的法則，但認眞地檢討銷售的眞諦，就必須以更審愼更有效率的態度行之，否則不可能獲得最完美的結果。

我們不妨換一個角度分析，一個銷售員不斷地拜訪拒絕銷售的客戶，最後可能終於成功；還有一種可能是，這個客戶最後連門也不開。因此，銷售員光憑韌性死纏爛打並不是最好的辦法，聰明的銷售員通常的做法是，受到拒絕後，認眞思考這個客戶對自己所銷售的產品究竟有沒有潛在需求，如果根本沒有這種需求，何必消耗大量的時間去換取一次又一次的「閉門羹」？

銷售員的每一次銷售行動都應以「審慎思考」做基礎，並不斷地調整出擊的對象，從中摸索出最佳的行銷兵法，經過日積月累，才可能使自己的業績大幅增長。只有對所有的顧客都加以注意觀察、分析、總結、歸納，才能使自己的工作做出成績來。

只有做一個「有心人」，才能捕捉到每一個細微的變化，做出迅速的反應，把不同的產品販售給最適當的顧客。只有勤於思考，才能領悟銷售的竅門，才能提高銷售業績，才能做個頂尖的銷售員。

PART 6

適當的話題是交談的潤滑劑

一個銷售員的魅力，往往來自於他的博聞強記、能言善道。聊天只是為銷售增添點潤滑劑，使交談的氣氛更輕鬆，並非曲意奉承或揭人隱私。

適當的話題是交談的潤滑劑

一個銷售員的魅力，往往來自於他的博聞強記、能言善道。聊天只是為銷售增添點潤滑劑，使交談的氣氛更輕鬆，並非曲意奉承或揭人隱私。

口才是現代社會必備的競爭資本，「用口氣創造運氣」更是商業社會的成功之道，唯有具備良好的說話能力，才能在商業社會遊刃有餘。

身爲一個業務員，無可避免地要與各行各業、各種層次的顧客接觸，因此，除了注意談話的語氣之外，更應該清楚什麼人喜歡談什麼話題，才能藉由共同的話題，拉近彼此的心理距離。

銷售員的知識面要廣博，但不一定要深精。因爲，銷售員沒有過多的時間、機會對每一項事物都進行深入的瞭解和研究。

銷售員所需要的知識非常龐雜，可能涉及天文、地理、旅遊、時事新聞、文學、美術、音樂、體育、種花、釣魚……等等；即使是自己不喜歡的領域，至少也要有粗淺的認識。

許多銷售員都有一種習慣，每天出門前買一份日報或娛樂、體育等報刊雜誌，或是留意即時新聞，目的就是要從中發現適宜交談的新話題、熱門話題，以及最新發生的奇聞異事。

身爲銷售員，要隨時隨地蒐集話題，並不斷地更新，才能在商談時，配合時間、對象，選擇適當並且能引起對方共鳴的話題。

當然，這並不意味著銷售員要對每一項話題都特別愛好，成爲一個無所不精的「專家」，過於強調自己興趣廣泛、知識淵博，有時反而會適得其反。

有時爲了應付一個有特殊嗜好的客戶，你不妨「臨時抱佛腳」，設法多瞭解一些相關方面的知識，原則是「與其求深不如求廣」。

有人也許會批評銷售員總是道聽途說，專談些八卦、小道消息，不過，一個銷售員的魅力，往往來自於他的博聞強記、能言善道。

況且，談論這些話題只是純聊天，爲銷售增添點潤滑劑，使交談的氣氛更輕鬆，並非曲意奉承或揭人隱私。

所以，你不妨多活用3C產品，每天早晨出門前看一下新聞，帶著「剛出爐」的「新鮮」話題去見你的顧客。

一問一答學問大

談判中的任何一次問與答都大有學問，若是好好利用，將足以控制對手的心思，達成深遠且巨大的影響。

構成談判的內容，不僅包括陳述、辯論、討價還價，還有兩項是不可缺少的——買賣雙方的問與答。

談判中提問的主要目的，通常是爲了打開話匣子並彰顯主題，以利討論、溝通。可以針對不同主題提出不同的問題，也可以用不同的方法、不同的角度，提出對同一問題的疑惑。

提問的重要作用，在於引起注意，爲對方的思考提供一個既定方向，除此之外還可以獲得自己不知道的資訊、表達感受、引起對方的思考，並促進協議的達成，幫助相當大。

常用的提問方法，可歸納爲如下幾種：

● 引導性提問

引導性提問指對答案具強烈暗示性的問句，幾乎可令對手毫無選擇地按發問者所設計的答案作答。

這是一種反意疑問句，目的在使對方贊同自己提出的觀點。例如：

「講究商業道德的人是不會胡亂報價的，您說是不是？」

「這價格對你我都有利，不是嗎？」

● 坦誠性提問

坦誠性提問是一種使人感到推心置腹、較友善的發問方式。

一般在對方陷入困境或有難處時提出，目的在協助解決困難，因此能使談判氣氛變得較和諧。例如：

「請告訴我，您至少要銷掉多少？」

「對於我方的觀點與建議，您是否完全清楚呢？執行上有任何困難嗎？」

● 封閉式提問

封閉式提問指在特定範圍內引進肯定或否定答覆的發問，可以獲得特定資料或確切的答案。例如：

「您是否無法對產品提供售後服務？」

「我方能得到優惠價格嗎？」

● 開放式提問

開放式提問是指在廣泛領域內引起廣泛答覆的疑問，通常無法只用「是」或「否」等簡單字句回答。例如：

「請問您對本公司的印象如何？」

「您對當前市場的需求狀況有何高見？」

由於不限定答覆範圍，對方能夠暢所欲言，提問者也可獲得廣泛資訊。

- 證實式提問

證實式提問是針對對方的答覆重新措辭，促使提出證實或補充（包括引申或舉例說明）的一種發問。

此一方式不僅足以確保談判各方在述說「同一語言」的基礎上進行溝通，還可以獲得較充分的資訊，並表示提問者對所得答覆的重視。

例如：「您剛才說，對目前正在進行的這筆生意可做取捨，這是不是代表您擁有全權和我方進行談判？」

- 借助式提問

借助權威人士提出的觀點以影響談判對手的一種提問。例如：

「我們已經向專家請教過，對貴公司的產品有了較深入的了解，因此想請您考慮一下，是否把價格再降低一些？」

當然，所謂的權威人士應該是對方所了解的、確實具名望者，才有辦法發揮預期作用，產生積極影響。

別小看了談判中的任何一次問與答，其中可大有學問。若是好好利用，將足以控制對手的心思，達成深遠且巨大的影響。

提問技巧比你想像得更重要

能否在談判中適當地提問非常重要，因為這是發現、獲得資訊、進行溝通的一種重要手段。

無可諱言的，具有良好的口才，能輕鬆說服別人的人，必然是人生戰場上的常勝軍。如果你想成爲這樣的傑出人士，就必須在各種會談場合掌握自己的說話語氣，鍛鍊自己的說話能力。

談判參與者經常會運用提問引起對方注意，並爲對方的思考提供一個既定方向，進而獲得自己不知道的資訊和不了解的資料。可以說，提問技巧是一種必備技能，比想像得更爲重要。

談判中提問的類型很多，各具不同動機與功用。

提問可以僅單純針對某一具體問題進行，例如：「請問您是否對售後服務感到不滿意？」

也可以針對總體或全局狀況進行提問，不限定答覆範圍，例如：「您對當前市場競爭狀況有什麼看法？」

探索式提問是這樣的：「若增加數量，能否在價格上更優惠一些？」

引導式提問的功用則在使對方別無選擇，只能按照發問者的希望回答，例如：「經銷這種商品對我方來說，利潤很少，如果不能得到百分之三以上的折扣，抱歉恕難成交。」

提問還可以是協商式的，例如：「您認爲折扣定爲百分之三妥當嗎？」由於語氣較婉轉，一般易爲對方接受。

從以上幾個例子可以看出，提問的方式多種多樣，必須針對情況選擇最適當的方法，才能收到較好的效果。

此外，還要把握好時機，儘量在對方發言完畢之後再提問，以避免打斷對方的談話，造成反感。

如果發言者的陳述過於冗長且不知節制，當然就另當別論了。你可以在對方發言停頓、間歇時提問：「請問您主要的意思是？」「上一個問題我們已經理解了，那下一個問題呢？」

能否善用言談技巧，在談判中適當地提問非常重要，因爲這是發現、獲得資訊、進行溝通的一種重要手段。

運用提問技巧應考慮以下幾點：提出什麼問題？如何表述問題？如何發問？對方將產生什麼反應？

具體來說，必須注意的有：

1.慎擇提問時機，不要引起對方的反感。

2.以中等語速發問。

若發問太急速，容易使對方認爲你不耐煩或持審問態度，太緩慢發問則會使氣氛過度沉悶，導致效率低下。

3.對初次見面的談判對手，在進行第一次發問前應徵得對方同意，這是一種基本禮貌。

4.由廣泛性的問題入手，再轉向專門性的問題，如此將有助於縮短溝通的時間，同時幫助自己從回答中擷取有用資訊。

5.所有問句都必須圍繞同一個中心議題，避免偏離。

6.提出敏感性問題時，應該說明發問的理由，以表示尊重。

7.不要使用威脅性或諷刺性的口吻，更避免盤問式或審問式提問。

從本質上說，談判就是談話的過程，由一系列的問答構成，所以成功的談判不僅必須掌握高超的語言藝術，還應具有藝術家的敏銳和偵探家的機警，以洞察對方的心理活動，顧及真正需要。

切記，真正成功的談判不是一方的勝利，而是參與兩造的雙贏。

巧妙提問，輕鬆說服他人

光憑講道理說服不了任何人，談判者使用的所有工具和技巧中，提問很可能是最重要的一個，扮演著關鍵角色。

談判過程中，若能適時地主動提問，對參與雙方的溝通、磋商將產生促進作用，有時能產生畫龍點睛的效果。

大致說來，主動提問的好處有以下兩項：

● 控制談話

主動提問者多半能在銷售活動中控制談話走向，談判也是一樣。

本領高超的談判者，絕不會讓對方藉提問控制談判。兩位談判高手面對面時，甚至會就誰應該提問進行談判，所以有時你會聽到談判參與者說：「我已經回答了一個問題，現在該你回答我了。」

既然是談判，就必定帶有產生衝突的可能性，面臨觀點或立場的衝突，談判專家們是如何處理的呢？

最有效方法之一，就是用提問來代替直接表達反對。

面對同樣的狀況，缺乏經驗的談判者可能會說：「我不同意你的意見，因爲它行不通。」

這種陳述不僅會導致敵意，還會引起對手的提問，迫使這位缺乏經驗的談判者進行自我辯護，於不知不覺間顯露自己的弱點。

相較之下，談判行家會傾向於以提問的方式表達不贊成，例如：「您的意見很好，但該如何在操作當中落實呢？」

如果對方的意見確實不可行，辯護起來必定相當困難，提問的談判者自然處於相對強勢位置。

以提問表達反對，對方將較樂於承認自身問題，而不感到有失面子。

用提問形式表達不贊成還有另一個好處：假設對方的建議是可行的，你卻說「我不同意」，最後必定站不住腳，不得不在難堪的情況下做出讓步。相對的，你若只說「這該怎麼執行呢」，無論對方的提議究竟可不可行，你都能夠保全自己的面子，不受損失。

●贏得思考時間

一心不能二用，我們很難在說話同時進行縝密的思考。

談判之時，對手向你提出問題，你必定要用大部分思緒和注意力去回答，同理，既然集中了絕大部分注意力回答問題，就不可能對自己的立場及下一步行動充分地思考。

經驗豐富的談判家都善於利用這一點，當壓力當頭，需要時間進行思考時，他們會故意提出不重要的問題讓對方回答，自己則趁機策劃下一步行動。

提問可幫助減輕壓力，爭取思考時間，或者用以減少對方思考的時間，並施加壓力。之所以說提問能夠控制談話，主要原因就在於回答者必定處於壓力下且無法思考，提問者則得到了喘息的機會。

應當認清一點，光憑講道理說服不了任何人。談判者使用的所有工具和技巧中，提問很可能是最重要的一個，扮演著關鍵角色，若不懂運用，無庸置疑，必定居於劣勢，無法達成自己想要的目的。

想清楚該說的話再回答

審慎琢磨回答技巧，不僅可以達到消極的自我保護，以積極面來說，也可以對他人產生影響，有益於達到說服的目的。

拿捏提問技巧不容易，掌握回答的學問當然也不簡單。

爲什麼說回答不簡單呢？首先，談判者必須綜觀全局、深思熟慮，在商場上說話是「一言九鼎」的，一旦承諾，就不可輕易反悔，否則將因失信付出慘痛代價。其次，由於談判中的提問必定經過精心設計，含有謀略或試探意味，更可能藏著圈套陷阱，因此不可貿然答覆。

以下，提供一些幫助回答問題的小技巧：

● 學會轉變話題

若雙方發生爭執，因爲某些歧見而陷入僵局，妨礙談判的進行，就該轉變話題，另尋方向開始。

這時可以說：「先談另一個主題，等一下再回頭來討論吧？」「這個問題比較複雜，我們不妨分解成幾個小項目來進行。」

● 不要徹底回答

對某些問題無須回答得太詳細，否則在進一步的談判過程中，將可能陷入被動。例如，當對方詢問產品品質問題，不必太詳盡地介紹，只需回答其中主要的某幾項指標，留下品質很好的印象即可。

● 拒絕的答覆方式

談判是爲了達到互惠互利，雙方都滿意的效果，如果無法接受對方的條件，協議將無法簽訂。這時候，就必須加以拒絕。

拒絕時使用的語氣一定要和氣、婉轉，畢竟當不成合作夥伴，也沒必要成爲敵手，可以說：「您的意見很好，我們以後會考慮的。」「我非常喜歡這個產品，可惜預算實在不夠，請見諒。」

● 找藉口拖延答覆

談判中，若是對某個問題未考慮完全，而對方又追問不捨，可以用資料不全或需要請示等藉口來拖延答覆，例如：「對您提的這個要求，我沒有足夠權限給予答覆，需要請示上司。」

拖延並不等同拒絕，只表明還需要再深入考慮。

● 適時反擊

反擊能否成功，要看提出的時間是否掌握得準確。

一般說來，只有在對方以「恐怖戰術」來要脅時，才能使用反擊。它是一種以退爲進的防衛戰，旨在利用對方的力量，再加上自己的力量，發揮「相乘效果」，借力使力，一舉獲得壓倒性成功。

其次要注意一點——使用反擊法時，如果對方不認爲你是個「言行一致」的人，效果免不了要大打折扣。

所以，在使用反擊法之前，必須先了解一件事情：在談判對手眼中，你究竟是不是一個言行一致、說到做到的人。

●攻擊要塞

談判，尤其是有關公務的談判，參加者通常不止一人。在這種「以一對多」或「以多對多」的場合，最適合採用的策略就是「攻擊要塞」。

即便談判對手爲數衆多，實際上握有最後決定權的，不過是其中一人而已。在此，姑且稱此人爲「首腦」，其餘的談判副將則爲「組員」。「首腦」當然是需要特別留意的人物，但也不可因此而忽略了「組員」的存在。

某些時候，你無論多努力都無法說服「首腦」，這時候就應該轉移目標，另闢蹊徑，把攻擊的矛頭轉向「組員」，向他們展開攻勢，讓他們了解你的主張，藉此對

「首腦」產生影響。

這正如作戰時的攻城掠地，只要先拿下城外的要塞，就可以一路長驅直入。過程也許較一般談判辛苦，但不論做任何事，最重要的就是要能持之以恆，再接再厲，奪取最後的成功。

攻佔城池，要先拿下對城池具有保護作用的要塞。同理，若無法說服，便應改弦易張，設法透過「組員」以動搖「首腦」的立場。

使用「攻擊要塞」戰術，成敗關鍵在於做到「有變化地反覆說明」。

一成不變的陳述方式不可能吸引注意力，因此在反覆遊說的過程中，要特別留意保持彈性、互動性與變化性，以免造成反效果。

如果說提問是一種無形的攻擊，那麼回答就是對自身立場的聲明與保護。審慎琢磨商務談判中的回答技巧，不僅可以達到消極的自我保護，以積極面來說，也可以對他人產生影響，有助於達到說服目的。

技巧傾聽，將距離拉近

期望事業成功，人際關係順利，走遍四方，無往而不利，就要訓練自己聽別人想說的事情，說別人喜歡聽的話。

設身處地想像一下，如果你在向顧客推銷、介紹某樣產品時，不斷地遭到打斷或爭辯，又或者對方一邊聽、一邊做著別的事情，表現出不耐煩的模樣，你會有什麼感受？

一定覺得對方根本沒有在聽你說話，對你一點也不尊重吧！

確實，每一個人都希望自己說話的時候，別人能認真傾聽，且給予適當的回應，能了解並體會自己說出的每一句話、每一個字。

這就是人性。所以，曾有一位著名的經濟學家說：「關於成功的商業交易，沒有什麼不可告人的秘訣，注意正對你講話的每一個人，表現出專注聆聽的模樣，如此就好。事實上，沒有任何事情比這一點更令人開心了。」

身爲店員或推銷員，往往對自己的商品或服務有著宗教狂熱般的熱忱，希望把自己的積極喜悅傳遞出去，和所遇見的每一個人分享，因此只要碰上任何一個人，就開始喋喋不休地訴說。這是不行的，在和陌生人初接觸的當下，千萬要克制傾訴慾望，改以耐心的傾聽相待。

畢竟，學會傾聽，我們才能知道自己該說什麼話。

傾聽，是關注別人的體現，有助於了解對方的基本情況和需求，爲進一步的深入準備。此外，能讓對方感覺到友善和尊重，因而同意建立關係，成爲朋友。

不過，當一個好的傾聽者並非易事，下面提供幾種技巧：

1. 直視說話者，不要分心。
2. 將注意力集中在字句的意義上。

3. 以坦蕩的態度傾聽，不要存有偏見。

4. 偶爾發出附和，諸如「天哪」、「後來呢」、「真是的」、「太可怕了」、「太好了」、「好糟糕啊」、「原來如此」等等。

5. 即便已經知道答案，也不要打岔。

6. 試著少說話，除非必要。

7. 對他人遭遇的各種問題，表示興趣或關心。

千萬記住一個觀念：與你談話的人，對他自己、他的需要，比你以及你的問題要感興趣的多，甚至可以說，他的牙疼比南極臭氧層的破洞更值得關心。

下一回，不論是在旅行、參加聚會或者理髮、看病的等待時間，若有機會與人攀談，不妨試著多鼓勵對方談談他自己，而你則耐心地聽，巧妙地提問，幫助對方發洩情緒同時，也盡可能地多收集相關資料。你將會發現，因爲善於聆聽，讓自己獲得了一個朋友。

當然，期望拉近人與人之間的距離，使人際相處順利，光靠當個好聽衆還不太夠，進一步來說，你必須學著「引起興趣」。

面對陌生人，怎樣才能找到讓對方感興趣的話題呢？

根據場合，你可以透過不同策略的運用，概略地抓出對方的喜好，從而促使談話開展。

● 用眼睛觀察

如果你身處對方的住家或辦公室，那麼就迅速地觀察一下，裡面是否有些什麼不尋常的東西、特別的擺飾、不一樣的室內裝潢，或者可愛、名貴的寵物，又或者對方的穿著打扮，飲食習慣上，是否有任何特別醒目的地方。

以自己觀察到的特殊事物切入，作爲開場白，將很容易引起對方的興致，打開話匣子，大談特談。

例如你到了顧客家裡，看到牆上掛著一幅國畫或一幅大型的扇面，就可以用欣賞的語氣說：「這扇面相當漂亮，很有特色，應該很有一番來歷吧！」

不過簡單的一句話，卻切中對方最得意的「事蹟」，於是他可能一反原先冰冷態度，開始滔滔不絕介紹曾有的一次遊歷或其他難忘故事。

如此談下來，自然有效拉近了彼此的距離。

●用耳朵聆聽

認眞地傾聽別人談話，從中獲取訊息。

對方不假思索的反應，重複多次的話語，或者特別的表情和語調，在在都足以提示你眞正感興趣的是什麼。

例如，在聚會的場合裡，聽到身邊某位客戶表示對釣魚很有心得，說得頭頭是道，你一定要馬上記在心裡，日後若有機會，便可藉自己最近想學習釣魚之類的理由，與對方展開聯繫。

●開口發問

凡是屬於社交性、較熱鬧的場合，不妨直接詢問對方的職業，孩子在哪兒讀書，平時有什麼消遣，去過什麼地方旅遊，喜不喜歡昨晚的電視劇（或對最近轟動的電影、暢銷書、運動比賽的看法）等等。

從無傷大雅、不傷感情、不涉及隱私的問題著手，是最萬無一失的法則。鼓勵對方談談自己，往往會收到出乎意料的好效果。

如果我們期望事業成功，人際關係順利，走遍四方，無往而不利，就要訓練自己聽別人想說的事情，並且說別人喜歡聽的話。

輕易說「不」，必將傷害客戶

購買產品或服務，因為必須支付代價，必定更期望得到尊重，這種需求是可以理解並預知，設法妥善滿足的。

「不」是一個非常傷人的字，絕對沒有人喜歡聽到，所以，如果希望自己的生意進展順利，便不要輕易說起。

在美國，有一家專門販售日用品的羅伯梅德公司，旗下共擁有四間連鎖店，數百位員工。針對服務品質，公司高層有以下兩項規定：

- 絕不對顧客說「不」。
- 顧客離去時，必須是滿意的。

以服務爲取向的公司，即便經營得多成功，也未必都能夠提供送貨服務，但羅伯梅德公司完全不一樣，只要顧客提出要求，馬上派人將貨送到。

羅伯梅德日用品公司的經營範圍相當廣，販售產品高達兩千五百種。儘管業務繁忙，公司上上下下都願意花費寶貴的時間，答覆處理顧客對產品的抱怨或使用問題，且秉持最高原則——面對客訴，絕不說「不」，務求不使顧客產生敵對情緒。

甚至曾有一次，某位顧客來到羅伯梅德公司，抱怨說自己買的高壓鍋品質非常不好，用不到一個月就壞了。

賣場人員檢查了一下，發現明顯是顧客自身的使用疏失，但仍好言好語地表示歉意，並免費提供修理。

一個月後，這名顧客帶著幾位朋友再次登門，但不是爲了抱怨，而是爲了採買需要的其他大小日用品。

爲什麼這名顧客願意替羅伯梅德公司介紹生意，而不會想要換一家店看看？答案很簡單，就是良好服務凝聚了顧客的忠誠度。

忠誠度絕對是削價政策買不來的，只懂得用低價吸引顧客的公司，一旦將價格提高，就會馬上看見顧客另投他人懷抱。

拿出好服務才能打下穩定可靠的客源基礎，這點絕不是作假可以騙來。而良好的服務，首先便從得體的言語開始。

下面條列的幾點，是除了直接表示拒絕的「不」之外，公認同樣不適宜、不受顧客歡迎的幾句話：

1. 這不是我的責任。
2. 這件事情不在我的管轄範圍。
3. 沒辦法，這就是規定。
4. 不好意思，這是您當初的選擇，我無能為力。
5. 規則都寫得很清楚了，請自己看一下。

此外，在爲顧客服務時，要儘量多使用以下詞語：

1.您、您們——用「您」，絕對比用「你」更好。

2.是、好的、沒有問題、可以——相較於否定，肯定的短句子當然更能讓顧客感到滿意。

3.最好的方法是、最快的方法是——表示出對狀況的了解與誠懇建議，可以讓顧客放心，產生信賴。

任何一位顧客購買產品或服務，因爲必須支付一定代價，必定更期望得到他人的尊重，這種需求是可以理解並預知，設法妥善滿足的。在容許的範圍內，應儘量尊重顧客的想法，按顧客的意思去做，如果用無禮的言語或態度頂撞，必定將送上門的生意搞砸。

請不要對顧客說「不」，不要說任何可能引起反感的話。

「激」出語言的最大魅力

同時展現出負責的態度、誠懇的語言、深切的感情，就是感染並激化買方，促使買賣成功的最好方法。

當用戶對商品產生購買慾望，但又顯得猶豫不決的時候，可以適時使用「激」的技巧，以求激發對方的好勝心理，促使迅速做出決斷。

一位男士在百貨公司販賣玩具的專櫃前停下，售貨小姐起身趨前，正巧看見男士伸手拿起聲控的玩具飛碟。

「先生您好呀！買玩具給孩子玩嗎？請問您的小孩多大了？」售貨小姐笑容可掬地問道。

「六歲。」男士說著，把玩具放回原位，眼光轉向他處。

「六歲！」小姐提高嗓門說：「這樣的年齡，玩這種玩具正是時候。」一邊說著，便將玩具的開關打開，男士的視線自然又被吸引回聲控玩具上。只見小姐把玩具放到地上，拿著聲控器，開始熟練地操縱起來，前進、後退、旋轉，接著又說：「讓孩子玩這種以聲音控制的玩具，可以培養出強烈的領導意識，很有幫助的。」

說完之後，她將聲控器遞出，讓對方實際操作。大約過兩三分鐘後，售貨小姐把玩具開關關掉，男士開口問道：「這一套多少錢？」

「五百五十元。」

「太貴了！算五百就好了吧？」

「先生！跟令郎未來的領導才華比起來，這其實根本微不足道。」

小姐稍停一下，看了看對方略顯猶豫的神色，馬上拿出兩個嶄新的乾電池說：「這樣好了，這兩個電池免費奉送！」說著，便很快地把架上一個未開封的聲控玩具連同兩個電池，一起放進塑膠袋，遞給那名男士。

透過銷售的進行，可以清楚看出售貨小姐在過程中使用了「激」的策略。首先，她的問話十分有技巧，「孩子多大了」這樣的問題，不容易讓顧客產生戒心，從而爲下一步的「激」埋下伏筆。

其次，打開玩具開關的時間恰到好處，就在客戶剛要轉移目標時，而把聲控器遞出更是高招，可以有效地刺激購買慾望。最後，售貨小姐做了最佳請求——爲了培育一個具有領導才華的兒子。天下父母心，誰能不爲之心動？

由於激將術的巧妙運用，終於促成一筆生意。

上面這個例子，算是比較一般的情形，也有一些時候，會遇到推銷難度較大的客戶。這時，雖然也該「激」，手法卻要調整，不能太過躁進，而以循序漸進的方式較好。

一間工廠的廠長接待了兩位推銷員，同樣都是來自偏遠山地的水災受災區，也同樣都為了推銷豬鬃刷。

第一位進門之後，開門見山地說：「我們是生產刷子的，最近受了災，日子不太好過，你們能不能買幾把？」

廠長搖搖頭，解釋了不需要的原因，說自己的工廠不是食品加工業，而是經營電子業務，根本用不到。推銷員看出希望不大，便離開了。

另一位推銷員就不同了，他一坐下，馬上用試探性的口氣問：「我看了看工廠的狀況，用到刷子的機會不多吧？」

廠長點點頭，表示實在是少之又少。那名推銷員聽了，接著拿出一紙證明，相當憂慮地說：「是這樣的，我們這個地區受了災，相當嚴重，為此政府也撥了款項救濟，但仍是不夠，必須依靠自救，而衡量地形與天候條件，也只能生產豬毛刷子了。請您考慮一下，能不能買個幾把呢？」

廠長搖搖頭，但對方毫不死心，又進一步說：「我知道你們的用量不會太大，沒有關係的。事實上，哪怕只買一把，都是對災區重建的支持，所有村民必定打從內心感謝您。」

如此層層逼近之下，終於成功挑起廠長的惻隱之心，最後不但成交，還一口氣買下好幾十把。

看完這個例證，你是否察覺了成功者與失敗者的差別？同樣推銷一種東西，一個有所收穫，另一個卻兩手空空。原因何在？就在於「激」的技巧。

第一位雖然開門見山，急切地請求對方接受推銷，但因交談中沒有掌握「激」的火候，以至於三言兩語便敗下陣來，只能空手而別。

第二位則不然，將「激」的火候掌握得恰到好處。他首先以詢問方式探知買方底細，得知「用量很少」之後，並不灰心喪氣，而是循循善誘地講述了自己的實際困難，以求喚起同情。

若能同時展現出負責的態度、誠懇的語言、深切的感情，就是感染並激化買方，促使買賣成功的最好方法。

什麼時間銷售最容易成功？

吃午飯或快吃午飯的時間絕對不要去拜訪客戶，特別是初次拜訪。一般的情況下，你應該自行吃過午餐之後，到下午上班時間再去登門拜訪。

雖然做銷售可以隨時隨地地拜訪顧客，但也應注意迴避某些日子和特定的時間。如果客戶是星期日休息，最好不要星期一前往訪問。因爲休息日的第二天業務量比較多，前去訪問是不明智的，特別是上午更是一大忌諱。如果那一天非去不可的話，則必須事先電話預約，而且盡可能安排在下午。

月底一般各公司工作都很忙，最好不要選擇在這個時候去拜訪。

在具體時間上，應該迴避在早上剛上班時登門拜訪。因爲早上要開會、作準備工作等，比較忙碌，因此在上班一個小時之後再去比較好。

吃午飯或快吃午飯的時間絕對不要去拜訪客戶，特別是初次拜訪。一般的情況下，你應該自行吃過午餐之後，到下午上班時間再去登門拜訪。

快要下班的時候，也不要去拜訪客戶，因爲這個時間對方會急著想下班，銷售效果不會理想。如果到了下班時間你還不走，糾纏著對方，要對方聽你介紹產品，會引起對方的反感。

另外，傍晚快下班時是收拾整理一天工作的時間，如果這個時間找客戶談生意，對方往往會草草應付一下，說不定本來可以做成的生意反而做不成了。

如果你想晚上宴請客戶的話，也不要恰好在下班前幾分鐘才去，因爲周圍的人一眼就會看出，而且有時會產生嫉妒心。

在這種情況下，選擇下班前一個小時進入辦公室爲宜，這樣你就有充分的時間和恰當的時機，跟你宴請的對象談定宴請的時間地點，你還可以裝著辦完事情與你所拜訪的人道別，其實，你只是先到某家餐廳恭候罷了。如果能用電話解決問題，那是再好不過了。

如果要和顧客事先約好時間，要爲對方留出選擇的餘地。

對顧客來說，提出具體時間的這種建議比較容易接受。當銷售員泛泛地問顧客什麼時間有空時，顧客總覺得他的時間表安排得滿滿的，或者覺得會見銷售員還不如他休息重要，他可能就會說近期沒有空。如果你向顧客提出某一段時間或具體時間，顧客便會認爲你的拜訪不會佔用他太多時間，而且也會認爲你有較強的時間觀念。

PART 7

以退爲進，誘獵物掉進陷阱

「以退為進」原則能在不知不覺中迫使對方做出大幅度讓步，落進「禮遇」的陷阱中，吃虧上當。

聰明打開話題，發揮言語效益

故意發個讓對方容易接的球，他一高興，當然樂於還擊，話題會自然地圍繞著興趣轉，讓他談笑風生，起勁地暢談不休。

與人交談就如同打桌球，必須迅速靈敏地將球抽回，一方面維持與對方的連續還擊，一方面藉著那小小的乒乓球，溝通彼此的心靈。同時，選擇一個適當的機會，攻殺對方。

如果操之過急，一味地想擊敗對手，勢必會先嚐到敗績。

最容易維持交談的話題，莫過於針對對方的興趣出發。例如，如果你知道對方擅長打乒乓球，那麼在會面寒暄之後，就要立刻提出。

「聽說您是一位乒乓球高手？」

這正如同桌球運動中的發球，故意發個讓對方容易接的球，他一高興，當然樂於還擊，話題會自然地圍繞著興趣轉，讓他談笑風生，起勁地暢談不休。

這可稱之爲談話的「情感發酵」，或者「談話的發球」。

被商界譽為「銷售權威」的霍依拉先生，便十分擅長「談話的發球」。

有一次，他為了替報社爭取廣告刊登，親自到梅伊百貨公司拜訪總經理梅伊。相互寒暄介紹以後，霍依拉不經意地加上一句：「您在哪兒學會駕駛飛機的？」想不到這句話真靈驗，正好搔著梅伊的癢處，觸發了他的談興，於是便主動邀請霍依拉在週末時搭乘他的自用飛機。

可想而知，有好的開始，這樁大生意自然有了著落。

這位銷售權威何以知道梅伊總經理會駕駛飛機？當然是因為在上門拜訪之前，早已先做過調查。

霍依拉心想：「如果我是一天到晚都忙著做生意的總經理，聽見有人還繼續談商場上的那一套，一定感到心煩。我得換個方法，另闢蹊徑。」就憑著這一招，他成功創下了廣告招攬額的最佳紀錄。

如果事先調查不出對方的興趣，該怎麼辦？

沒關係，只要問他：「您在閒暇的時候，都做哪些消遣呢？」以此切入，同樣可以套出對方的嗜好。

不過，要採用這項策略，你本身需要具備一項條件，那就是興趣、愛好廣泛且普遍，不論談些什麼都能應答如流，如此一來雙方才可能聊得投機，各項要求自然而然地能夠順利被達成。

當然，想要把話說得更巧妙，是一門博大精深的心理學，掌握對方的興趣嗜好和心理狀態只是其中的要點之一，必須以更多說話技巧輔助。

作家貝爾就曾經說過：「一句話往往再加上幾個字，就可以讓別人原本不想聽的話，變成別人願意聽的話。」

的確，有時候一句話往往加上幾個裝飾字之後，就可以更巧妙地傳達自己原本想要表達的意思。

譬如，當你想指出別人的錯誤的時候，如果試著話在語之前加上「以下我準備說的話，完全對事不對人」，那麼，相信別人就比較能夠虛心地接受你的指正。

口才可以說是現代社會必備的競爭資本，「把話說得更巧妙，把意見滲透到別人心裡」，更是商業社會的成功之道，唯有具備良好的說話能力，才能在劇烈的競爭中遊刃有餘。

細心研讀說話的各種技巧，掌握對方的心思後加以靈活應用，會使你更迅速擄獲人心，也更順利達成自己的目的。

善用談話技巧獲取他人好感

若能把握各種談話方式，在各種交際應酬場合適當地運用，會讓口才更加出眾，也能加深他人對自己的好感。

身處商場中，就免不了各種交際應酬的場合，尤其是身爲領導者的人，面對這類場合的機會更是多。

應酬的對象可能是客戶，可能是一同合作的廠商，也可能是自家公司的同事或上司，但不論對象是誰，這些人對你在事業上的成功與否，都有一定的影響力。也許能因此拉到一個大客戶，也許能藉此加強合作夥伴對自己的好感，甚至可能因而得到升遷的機會。

因此，應酬的技巧是成功人士必有的一項技能。

成功的應酬技巧，是指在各種場合中都能應付自如，其中最重要的就是談話的技巧。若能把握各種談話方式，在各種交際應酬場合適當地運用，會讓口才更加出色，也能加深他人對自己的好感。

以下列出幾種常見的談話方式：

一、傾吐式

這是最強烈的情感和思想交流方式，它是以說話者對聽者的強大信賴爲基礎，將自己的喜、怒、哀、樂以及種種打算與計劃全部告訴對方，讓對方幫忙評判這些想法。

在這種談話方式中，自己擁有說話的主動權，對方多半是被動地反應，他或許會受到激勵而奮發進取，或許能得到教導而悔過自新，或許會因此敞開心扉，伸出熱情的友誼之手。

二、靜聽式

與傾吐式相反，靜聽式是在被動中贏得主動，特別是在把握不了對方思路的時候，靜聽的方式能幫助自己爭取時間、理清頭緒。

靜聽不代表就是靜止不動，而是要隨著對方的情緒與談話內容，或點頭、或微笑、或做個手勢與面部表情表達自己的想法，並引起對方的注意，以引導談話的方向，對方也可以在這些簡單的示意中得到安慰或力量。

三、判別式

在交談中，抓住對方談話的空隙，恰如其分地插話，以表達自己的看法，這有益於促進思想與情感的交流。

值得注意的是，評判要適時、適度，如果粗暴地打斷對方談話或不負責任地妄加評論，只會損害自己的形象，造成往後交流上的障礙。

四、啟迪式

談話對象有伶牙俐齒和沉默寡言之分，因而交談方式也應有所區別。

若談話對象拙於言詞，就要循循善誘，多方面進行啓發，好讓對方吐露心聲。交談時，一定要注意用詞造句的柔和與婉轉，或拋磚引玉、或旁敲側擊，切不可急躁從事、大放厥辭。

五、靈活式

在非正式的場合中，主題單一的談話是很少見的，多半是一些人聚在一起閒聊，沒有固定的題目和目的。鑑於這種情況，談話時要注意話題的轉換，並且透過不斷地變換話題，找出大家都感興趣的話題來談。在這類型談話中，千萬不可不顧他人興趣，只談自己有興趣的話題。

六、間休式

就像中篇小說要分章節一樣，耗費較長時間的談話也要注意間歇休息，因爲體力上的疲憊往往會導致思維混亂，精力充沛則有助於談話的成功。所以在較長時間的會談中，要有適度的休息。

但是在間歇時，不要使氣氛變得尷尬或難堪，可以一同看看報刊、聽聽音樂、下下棋，這都能保持原有的融洽氣氛。

七、加強式

這是對判別式談話的補充。交談時，雙方可能都會說出一些不太成熟的想法，有不少人對此漠然看待，這實在不是正確的態度，因爲有一些新奇獨到的主意可能因此被埋沒。

正確的做法應該是，密切注意對方提出的新觀點，同時多動動自己的腦筋，共同進行一番創造性思考。透過彼此交換意見的方式，使對方的觀點更加成熟、更加完善，從而使雙方都能受益。

善用「公關」打造良好形象

公關語言除了要優美生動，還必須傾注真摯而充沛的感情。只有心中裝滿誠摯的感情，說出來的話語才可能感動人心。

所謂「公關」，就是指與形形色色的人打交道。最重要的，就是要透過種種方式、手段，加強自己在公眾面前的良好形象，因此，「公關技巧」可說是每位領導人不得不研究的一項學問。

一般而言，公關語言的藝術性主要體現在以下六個方面：

一、幽默的力量

幽默是一種藝術，可以用來增進自己與他人、組織和公眾之間的關係。使人從令人發窘的問題中或尷尬的時刻裡脫身，化陰暗爲光明、化干戈爲玉帛。

據說，某位企業領導人到香港創辦新公司之時，由於他的投資行爲受到各方重視，因此一下飛機就有大批記者要採訪他。其中一位香港記者毫不客氣地問：「你這次帶了多少錢來？」

這名領導人一見發問者是位女士，便答道：「對女士不能問歲數，對男士不能問錢數。小姐，妳說對嗎？」

一句話即迴避了問題，又具有幽默感。比起支支吾吾地掩飾，或是擺起架子、板起臉孔地拒絕回答問題，這種善用幽默的回答方式不知強了多少倍。

二、豐富的辭彙

公關語言要運用準確生動、富有表現力的辭彙，這樣可以激發公衆的熱情、喚起公衆的想像，並得到公衆的信賴。

因此，公關人員必須掌握大量的辭彙，善於運用同義詞、近義詞的轉換，能嫻熟地運用專業詞語、成語、俗話。當然，這些知識要靠平時廣爲蒐集、認眞儲存，這樣到了需要運用詞彙時，這些知識就會源源不斷地湧入腦中，信手拈來、隨意脫口而出，就能增加語言的風采。

三、形象的修辭

公關人員還必須熟練地掌握和運用各種修辭手法，以增強語言的具體概念。貼切的比喻能啓發別人的聯想與想像；適宜的設問、反問能引起他人的好奇心；流暢的排比能激發公衆的熱情；適時的反覆和強調能加深他人印象，產生更好的效應。若能善用種種修辭，就能使大衆對你所要傳達的內容印象深刻。

四、變化的句式

爲了加強表達效果，還須注意句式的變化。

在公關活動中，可用單句，也可用複句；可用陳述句，也可用感歎句；可長短句交錯，也可倒裝、前置。句法參差不同，才能加強語句的強度與活潑性。

五、和諧的節奏

說話時，要注意音量、音質、音色，若是頻率過高，會使聲音刺耳，惹人不快；若是頻率過低，會令人沉悶欲睡。

說話語調要有抑揚頓挫、高低起伏，才能吸引聽者的注意力與興趣。

六、真摯的感情

公關語言除了要優美生動，還必須傾注真摯而充沛的感情。有句話說：「只有在心中裝滿了蜜，口中的言語才會甜。」以此類推，只有當心中裝滿誠摯的感情，說出來的話語才可能感動人心。

公關語言除了具有以上這六個特點之外，由於公關語言多半帶有一定的目的性，因此必須遵循以下這四項原則：

一、通俗易懂原則

公關詞語首先要讓人聽得懂，因此忌用一些冷僻、晦澀的詞語，否則會造成溝通和交流上的障礙。

明朝人趙南星寫的《笑贊》裡有這麼一則故事。一秀才買柴時說：「荷薪者過來。」賣柴者因「過來」二字明白了秀才的話，就把柴擔挑到他面前。秀才又問：「其價如何？」賣柴者因明白「價」這個字，於是說了價錢。但秀才又說：「外實而內虛，煙多而焰少，請換之。」賣柴者不知秀才在說什麼，便挑擔而去。

這則笑話中的買賣過程，也可看作是公共關係中的口語交往過程，因選用的詞語不通俗，對方聽不懂，所以這些話語無法達到溝通的效果。

二、典雅原則

公關話語要通俗易懂，但並非是要用俚俗、粗鄙的詞語。

公關人員的談吐和言語格調會直接影響他所代表的組織形象，因此應選用典雅的詞語，以給對方良好的印象。比如，「有空再來看看」就不是適當的公關語言，應該說「有機會的話，歡迎再次光臨」。

三、詞語色彩中性化原則

在公共關係交際中，一般應採用不強調褒貶的中性詞語，以縮短自身與公眾間的心理距離，好達到溝通的目的。比如宣傳產品時，既不應貶低其他廠商的同類產品，也不能「老王賣瓜」地自賣自誇，否則會引起公眾的反感。

四、恰如其分原則

說公關話語時，要把握好遣詞用句的分寸，不要過分，防止語意走向極端。例如，適度的讚美可使對方愉悅，但過分了，只會適得其反。

抓準心理漏洞，交涉更能成功

利用對方在心理上出現漏洞時趁機爭取利益，不失為一個好方法，讓對方無話可說，即使有怨也無處訴。

當你開口說話，逗得對方樂在心裡、笑在口裡的時候，忽然話鋒一轉，頂他幾句，無論是脾氣再怎麼莽撞、暴烈的人，也無法立刻還以顏色，因爲他的笑容都還掛在臉上，很難立刻收起來。

因此，如果要藉著語言達到某種目的，就必須先讓對方高興，最好到失態程度，接著再捕捉最恰當的時機，藉「語言」迫他贊成、同意或投降。

類似的運用，在商場最常見，例如以下實例：

一個表演團的代表要到某家酒店進行交涉，因為這家酒店的經理非常精明，答應支付的報酬太過低廉，將讓表演團入不敷出。

但是礙於情面，表演團代表又很難拒絕對方，原來這位經理曾經在表演團發生財務困境的時候予以周轉。

該怎麼辦才好呢？

經過一整晚的思考，表演團代表終於想出一個好方法。

隔天餐宴上，她絕口不提酬勞的事，只是陪著酒店經理抽煙、聊天、說話，引得經理開懷大笑，然後代表主動說：「我們表演團的全體同仁，可以為您和貴店虧本演出。」

經理聽了這句話，更樂得眉開眼笑，呵呵的笑聲怎麼也止不住，想不到這位代表突然把臉色一沉，非常鄭重且嚴肅地說：「什麼！這有什麼可笑的？你把我當傻瓜，以為我真的是那種人嗎？好！你這個鐵公雞，我已經認清了。對不起，這次演出就此取消。」

接著她裝出憤而離席的樣子，讓那位笑容還掛在臉上的經理大為恐慌，只得一把將她拉住，賠不是道：「千萬別這樣，有話好說、有話好說，關於報酬，我們可以從長計議。」

這個代表眞是位「最佳演員」，演出的效果好極了。於是雙方重訂合約，照舊演出，表演團終於獲得應有的利益。

利用對方在心理上出現漏洞，趁機爭取利益，不失爲一個好方法，巧妙使用這一招通常都能成功，讓對方無話可說，即使有怨也無處訴。

專注傾聽，對話更具意義

真正的對話應該是雙方都認真傾聽，這不只是彼此之間精神上的交流，更象徵了心有靈犀一點通。

凡是能言善道的人，必定也是最會聽話的人，不僅懂得專心聽對方講話，也會專心聽自己講話。

「我之所以能夠成功，在於我隨時注意聽自己講的話。」日本蜜絲佛陀公司舉辦的化妝品推銷員講習會上，一位成功的女推銷員說出以上開場白，立刻引起與會人士的注意。

這位臉蛋姣好，身段修長，看來不到三十歲的女士接著說：「如果妳要向顧客推銷口紅，可以對她說：『將這支口紅塗在乾燥的嘴唇上，就會立刻變得潤滑有光澤。』必且把『口紅』、『乾燥的嘴唇』、『潤滑』、『光澤』等詞彙連起來講，效果最好。」

這位一流推銷員確實懂得如何說話，但她更懂得「聽」的藝術。自己講，自己聽，藉由說話的姿態和表情，以及「我們」這個詞的巧妙使用，成功地將顧客和她自己拉進了口紅的美感裡，凝聚共識。

哲學家瑪普巴說：「人與人相處，必須先誠心相待，才能夠發現自我。」

密西根大學加普蘭教授進一步闡揚了這句話的意思：「人與人之間，談話的缺失、弊端，並不一定來自技巧的愚劣，而是由於彼此都急於表達自己的意思，因此缺乏耐心傾聽。」

這段話，實在是一針見血的高論。

在日常生活中，當我們遇到高談闊論、喋喋不休的對象時，往往不僅不注意聽對方說話，甚至還急著尋找讓自己說話的機會，好發表宏論。到最後，對方的話一句也沒聽進去。

當你在高談闊論時，別以爲別人的回應是一種贊同，說不定那只是告誡你：「現在聽你的，等一下可要聽我的了。」

眞正有效的對話，應該是雙方都很認眞傾聽，無論由哪一方說話，不僅對方注意在聽，自己也注意在聽，這不只是彼此之間精神上的交流，更是「心有靈犀一點通」的象徵。

如此，才能夠讓對話更有效果，自己的談話技巧也能夠在傾聽的過程中逐漸進步，懂得把話說得更好。

坦承有助於驅除膽怯

立刻承認自身的膽怯，就能戰勝膽怯，於客觀立場評估自己、了解自己，同時儘快冷靜下來。

通常一般人在緊張的時候，會表現得相當反常，不僅無法將原本準備好的說辭完美地呈現出來，甚至連話都講不好。面對這種情形，該如何解決？

推銷人壽保險的業務員貝德加，曾創下美國保險業的最高紀錄。成名以後，他在回憶錄中寫下自己的一段經驗：

有一次，為了爭取一筆巨額保險契約，他必須登門拜訪當時的汽車大王費茲。經過好幾趟的奔波，總算爭取到寶貴的機會，依照約好的拜訪時間，他被秘書引進豪華的大辦公室，見到了費茲。想不到此時，他竟然一反常態地怯場了，身體顫抖不已，牙齒上下打哆嗦，無法讓自己鎮靜下來。

費茲察覺不對勁，便親切地問他哪裡不舒服。貝德加只好鼓起勇氣說：「費茲先生，我……我因為一直想來拜見您，今天好不容易……了卻心願，但……卻沒想到，見到了您，想說的話……都……說不出來了。」

貝德加結結巴巴地，把這句話講完，但不可思議的事情發生了，他原本畏懼的心理、緊張的感覺竟然全都消失，費茲的形象越來越清楚，桌上的煙灰缸也不再是兩個重疊的輪廓。

他鎮定地落了座，滔滔不絕地道出事先便準備好的話，終於順利贏得那筆巨額的保險契約。

貝德加的經驗告訴我們：「感到膽怯時，自己立即承認。」

這正是戰勝膽怯的最佳原則。在回憶錄中，他另舉了一個實例，以證明「在膽怯時，自己立即承認」這個原則的妙處。

一九三九年春天，天才演員馬拉斯．葉曼受邀在紐約帝國大廈演說，他一上台便嚇了一跳，台下一片黑壓壓的人群，肅穆的氣氛，完全把他震懾住，原先準備好的開場白瞬間忘得乾乾淨淨。

可是，他畢竟是個好演員，一開頭就自然地說：「啊！天哪！讓我大吃一驚，真沒想到有這麼多大人物齊聚一堂，叫我說什麼好呢！」

說完這句話之後，他很快便鎮定了下來。

由於立刻承認自己的膽怯，所以馬上戰勝了心中的膽怯，原本準備好的講詞也就輕鬆、自然、流利地完成了。

貝德加提出的這個原則的確有道理，通常只要在意識裡承認自己的緊張，就能夠站在客觀立場評估自己、了解自己，同時儘快冷靜下來，進而放鬆心情。這不但是一種說話技巧，也是心理學的常識。

比較級用詞讓人無法推辭

應妥善運用形容詞，以比較級來取悅對方。比較級用詞最容易提升聆聽者的自尊心，因此也具有較大的影響力。

美國著名廣告設計師霍依拉，有一回接受國際紅十字會之請託，以及其他基金勸募勸募團體的要求，代爲推展資金勸募工作。

他以一種別出心裁的做法展開工作，藉電話以及挨戶訪問，雙管齊下，居然得到了很多人的支持。

推展基金勸募，不管名目有多麼冠冕堂皇，總是一件吃力不討好的事。

如果直接開口詢問：「請捐獻一點善款作爲基金好嗎？」對方往往會毫不遲疑地

斷然拒絕。

為了避免這種狀況發生，霍依拉總是先聲奪人，以親切、友善，老朋友般的口吻說：「您好，今年打算捐『多少』給我們作為基金呢？」

對方原本也許打算一分錢也不捐，但是在這句話中，霍依拉以「去年已經捐過了」作為前提，於不知不覺中滿足對方的自尊，因此，大多數人會自動地慨然答應，掏出錢來。

在自尊心受到滿足之後，人便很難鼓起勇氣狠下心去拒絕別人了。霍依拉的一個「多少」形容詞，發揮了大大的作用。

有位心理學家蒐集了一百種以上的大眾性刊物，研究其中所有廣告，並且分門別類地加以比較，了解哪一種形容詞被使用得最多、最廣，最後竟然意外地發現，比較級形容詞被運用得最普遍。

「牛奶，讓你『更』健康！」

「口紅，讓妳『更』迷人！」

「電冰箱，使你的家庭生活『更』加美滿幸福！」

透過比較級形容詞或副詞的「加持」，這些廣告雖然沒有把被比較的對象明白地表示出來，但已足以令人陶醉了。

消費者總是會在不知不覺中，被廣告引入比較級的狀態裡，從中獲得滿足，因此，它也具有較大的影響力。

交談中，應妥善運用形容詞，以比較級來取悅對方。比較級用詞最容易提升聆聽者的自尊心，讓他更樂於「捐獻」。

以退為進，誘獵物掉進陷阱

「以退為進」原則能在不知不覺中迫使對方做出大幅度讓步，落進「禮遇」的陷阱中，吃虧上當。

人的心理不但複雜，且奧妙得不可思議。很多時候，如果自己搶先退讓，對方反而會表現得比你更客氣。

第二次大戰期間，產業界嚴重缺乏人力資源，因此零售業者想盡辦法從各方面減少送貨人手，有一家商店便巧妙利用了上述心理。

當顧客買下大批貨物後，店員會主動且客氣地詢問：「是否需要我們派專人將貨品送到府上？還是您自己順路帶回去？」

結果，大多數客人都表示願意自己將物品帶回家。短短兩年之內，那家商店的送貨量便減少了七十%左右。

由上述所舉例子，我們可以知道，當一個人潛意識裡的願望、要求完全如願以償，心中多半會產生輕微的罪惡感，願意稍做讓步，答應對方的請求，否定自己原本抱持的意圖。

這種策反心理，應用在職場管理中也同樣行得通。

某公司業務遽增，員工們已經連續加班好幾天，主管實在開不了口要求員工再加班了，但堆積如山的業務又非得完成不可。

此時，不妨改變口吻詢問：「今天實在太累了，我不知道是讓大家早點回家好呢？還是再加一天班好呢？」

採用這種說法，絕對比強硬地說：「今天再加班一天！」更爲巧妙。

使用商議性口吻說話，能夠降低對方的抗拒心理。

這是一種「以退爲進」原則，能在不知不覺中迫使他人做出大幅度讓步，落進「禮遇」的陷阱中，吃虧上當。

活用數字，就能增加可信度

「語言的尾數」本身就是最善、最美、最真的廣告。儘量不要以整數概略言之，將能提高真實感，接收者才有考慮與注意的可能。

由數字產生的效應，稱為「感光效果」。

「感光效果」因人而異，先了解對方信賴什麼，然後運用你們的言談之中，就能活用說話術，把話說進對方的心坎裡。

在日本，有位藥房老闆到太陽銀行請求貸款，申請單上填了「九十一萬元」。經理土田正男是企業調查的行家，立刻注意到一萬元的尾數。

他問：「這位老闆，為什麼不貸款一百萬或九十萬元呢？」

「只要九十一萬就好。九十萬不夠，一百萬多了點，貸款過多需要負擔不必要的利息。這個數目銀行不會不方便吧？」

「不會！不會！」就因爲這「一」萬元的尾數，取得了銀行的信任，經理立刻蓋上「照准」的大印。

比起整數的九十萬或是一百萬，多了個尾數的九十「一」，正是增強他人信任度的關鍵技巧。

風行歐美的象牙香皂以「九十九．四四%純度」做廣告，不附和同類產品的「絕對純度」，小心且謹慎地誇張自己，卻增加更多的眞實性。

對於小數點，人們一向不重視它的價值，但在數字後面添加尾數，如上述的九十九．「四四」，卻能給人一定經過嚴密科學分析與檢驗的錯覺。

大衆傳播媒體專家普亞斯汀說：「製造印象和錯覺的首要條件，要能『以假亂真』，讓每個人都以為是『真』的。最大要訣，是著眼於使『對方容易相信』的觀點著手。」

「語言的尾數」本身就是最善、最美、最眞的廣告。

儘量不要以整數概略言之，將能提高眞實感，接收者才有考慮與注意的可能，否則，無論辭藻再美、語氣再誇大，都難以達到預期的目的。

利用數字確實能夠增加可信度，有許多人就相當信任數字情報。

英國政治學家迪斯萊利曾有一句名言：「謊言分為三種，單純謊言，令人討厭的謊言，以及統計數字。」

在謊言中加上統計數字，能有效提高可信度，使對方深信不疑。有許多人在公衆演說當中，爲了不使聽衆對於演講內容感到懷疑，會像眞有那麼一回事一樣，列舉一連串數字作爲補充說明。

果然不出所料，原本昏昏欲睡的聽衆都不再打瞌睡，而且聽得入神。

因此，若在爭論中也插入幾個有事實根據的統計數字，一定會提高說服力。

PART 8

揣摩心意，就能讓對方同意

被說服者會感到憂慮，主要是擔心「同意」之後就會產生意想不到的後果。如果能夠洞悉他們的心態，並加以疏導，成功率就會大大提升。

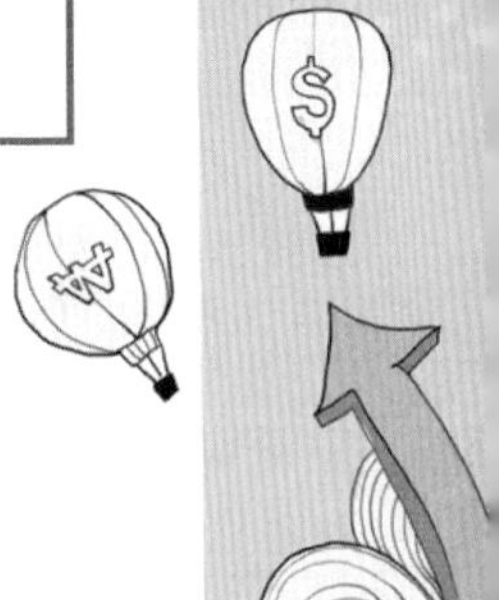

二值問題助人脫離困境

成功運用「二值思考」，在單純的兩個問題間，誘導接收訊息者，引導思考路線，迫使對方必須做出唯「一」的抉擇。

陷入絕望與可能失敗的處境時，人必須決定究竟是要選擇「堅持到底」，還是「就此死心」。

這時，拋出二值問題，無疑是讓自己得到脫離絕望的機會。

有位叫作史汀普斯的人，在十多年前有過一個新創意。

史汀普斯原本在棒球場附近販賣各種冷飲，但每當夏天的腳步一走，便很難維持生意，生活頓失經濟依靠。

這一年，他靈機一動，把一張紙分成兩半，貼在欄杆上，一半寫著「夏天已逝，本店冷飲部結束」，另外一半則寫著「冬天已然來臨，本鋪熱飲部即將開張，敬請期待」。

然後他準備了大量的三明治、熱咖啡、麵包、熱湯等等，果然受到顧客的歡迎。

沒過幾年，史汀普斯成了富翁。

這是成功運用「二值思考」的典型案例，語意蘊藏不易被人察覺的唆使意味，在單純的兩個問題間，誘導接收訊息者，引導思考路線，迫使對方必須在正邪、是非、善惡之間做出唯「一」的抉擇。

正因爲它是單純的，且不容逃避，反而將人從絕望中拯救出來。當處於生死關頭，爲了活命，人只有在「奮戰」與「逃避」之間做出明智的抉擇。

誰都不願意選擇失敗，所以會說：「那好吧，我再試一次！」因而能夠從絕望中站起來，東山再起。

在注重自我行銷的商業社會裡，說話已經成爲專門藝術，只要增強說話能力，就能無往不利。

培養自己的說話能力，其實就從小技巧的訓練開始，只要願意開始，你就可以讓自己的言談技巧展現力量。

迎合對方口味，就能事半功倍

投顧客所好，找對方向入手。迎合對方的口味，便能事半功倍，反之，往往會導致交易的失敗。

推銷這一行，是對語言藝術運用得較多的行業之一。

在推銷的過程中，打動顧客購買產品是唯一的目的，但說話一定要講究技巧與方法，必須挑一些顧客喜歡聽的、顧客感興趣的話，只要投其所好，成功的大門便會向你敞開。

小劉是一名天然食品的推銷員。一天，他一如往常，向一位陌生的中年顧客講解蘆薈精的功能、效用，但對方顯然對此並不感興趣。

正當小劉識趣地準備向對方告辭時，突然看到顧客家的陽台上擺著一盆精美的盆栽，裡面栽種著紫色的不知名植物。於是，小劉請教對方：「好漂亮的盆栽，市面上似乎很少見，它是特殊品種吧？」

顧客自豪地說：「它確實相當罕見。這種植物叫嘉德里亞，是蘭花的一種。它美在那種優雅的風情。」

「的確如此。我想它一定很昂貴吧？」小劉接著問道。

「是的。僅僅這個小小的盆栽就要四千元呢！」顧客從容地說。

小劉故作驚訝地說：「什麼？四千元……」

「蘆薈精也不過一瓶兩千元，這個顧客這麼捨得花錢，應該可以做成這筆交易。」小劉在心裡暗自推想著。於是，他把話題重點慢慢轉向盆栽：「這種花每天都要澆水嗎？」

「是的，它需要細心呵護。」

「那麼，您對這盆花的感情應該很深了，它也算是家中的一分子吧？」這位顧客覺得小劉對蘭花似乎很有心，於是開始傳授有關蘭花的學問，小劉聚精會神地聆聽。

過了一會兒，小劉悄悄地將把話題轉到了自己的產品上，對這名顧客說：「太太，您這麼喜歡蘭花，想必對於植物應該也很有研究，您一定是個高雅的人，肯定也知道植物能為人類帶來諸多好處，帶給您溫馨、健康和喜悅。我們的產品正是從植物裡提取的精華，是真正的綠色食品。太太，不如今天就體會一下天然食品的功效！」

結果，對方竟然爽快地答應了！

她一邊打開錢包，一邊還說道：「小伙子你真是有心人，即使是我丈夫也不願聽我嘮嘮叨叨講這麼多，但你卻願意聽我囉嗦，還能夠理解我這番話。希望改天再來聽我談蘭花，好嗎？」

在商業經營銷售中該如何抓住顧客的心理呢？這裡頭有些訣竅，最重要的是看顧客需要什麼。

第一是，安全可靠；第二是，避免不安全。

消費者購買產品之後，要求產品在使用過程中，不會爲消費者本人和家人的生命安全或身心健康帶來傷害。

人們之所以買保險或把錢存入銀行，是因爲他們希望年邁或遇到困難時能夠得到保障；人們之所以購買防盜門鎖是由於害怕缺少這些東西可能會帶來惡果，爲了安全，寧願在這方面投資。

生意場上只要能投顧客所好，就很有可能成功，但這需要具備一定程度的應對智慧與敏銳的洞察力，才能找對方向入手。迎合對方的口味，便能事半功倍，反之，往往會導致交易的失敗。

把馬屁拍到對方的心坎裡

稱讚讓對方引以為榮之處，說到對方的心坎裡，便能更輕易地破除陌生感，逐漸拉近雙方的距離。

與人交往，要想贏得對方的喜歡，並不是一件容易的事情。但是，如果能夠真誠地讚賞對方，那麼雙方的交流就能夠順利進行，也就能夠贏得對方的善意回應。

世界著名企業柯達公司的總經理伊斯曼雖然是個相當成功的企業家，擁有很高的社會地位，但仍然如同大多數人一樣，渴望得到別人的讚賞。

當他準備在羅切斯特建造伊斯曼音樂學院和基爾伯恩大劇院時，優美座椅公司的經理亞當斯希望能承攬其中的座椅業務。他打電話給伊斯曼雇用的建築師約托，請約托與他到羅切斯特拜訪伊斯曼。

約托對亞當斯說：「我知道你想要得到這筆訂單的急切心情，但我可以告訴你，伊斯曼先生是個很嚴厲的人，他的時間觀念非常強烈，如果你佔用他的時間超過五分鐘，這筆業務成功的希望就很小了。所以，我建議你到時候最好長話短說。」

聽了約托的忠告之後，亞當斯做好了心理準備。

當亞當斯來到伊斯曼的辦公室後，看到裝潢如此講究、精細，心想伊斯曼一定會引以為榮，於是抓住這一點，說他從沒見過比這更棒的辦公室。

這話伊斯曼非常愛聽，他的確一直把這間辦公室當作自己的一件傑作。就這樣，他們熱烈地談起了辦公室。

伊斯曼說：「是啊，如果你不提，我倒真的想不起這些了。當初它裝修好，我就非常喜歡它。但是，現在工作纏身，長久以來我竟然忘了多欣賞自己這個漂亮的辦公室。」

亞當斯摸了摸辦公桌，對伊斯曼說：「這是英國橡木吧？它與義大利橡木在質地上有點兒差異。」

「是的。」伊斯曼回答：「那是進口的英國橡木桌子，是一位對硬質木材很有研究的朋友特別為我挑選的。」

不自覺地，伊斯曼帶領亞當斯和約托參觀了整間辦公室，還詳細介紹各種物品的大小比例、顏色、雕刻，以及哪些是他參與之下設計完成的。很顯然地，伊斯曼很樂意向他的客人展示這些東西。

不僅如此，伊斯曼還談了自己的艱苦創業過程以及自己的母親等等，兩個人如同多年的老朋友一樣傾心交談。時間一點一點地過去，兩個人竟然談了兩個多小時，還一起吃了頓飯。

最後，亞當斯輕而易舉地拿下了價值九百萬美元的座椅訂單。從此，亞當斯與伊斯曼一直保持著朋友的關係。

很顯然地，亞當斯之所以能夠輕而易舉達成了自己的目的，並且還能跟對方建立的友好的關係，關鍵就在於亞當斯懂得恭維的藝術，適時適度地稱讚讓對方引以爲榮之處。

把馬屁拍到了對方的心坎裡，雙方就此結交，也就不足爲怪了。

不論是日常生活或是商業場合，面對陌生人不知道該如何打破藩籬時，不妨試著稱讚對方的得意之處，比如髮型、衣著、成就……等等。

這樣一來便能更輕易地破除陌生感，逐漸拉近雙方的距離。別懷疑，再難搞的人往往也吃這一套。

了解對方想法，讓雙方都是贏家

雙贏無疑是最佳的選擇。進行有效的溝通，站在對方角度看待問題，找到彼此之間利益的共識，最終各取所需，各有所得。

在變幻莫測的商場上奔走，除了必須具備敏銳的思維、獨到的眼光、清醒的思維之外，溝通的智慧也必不可少。

掌握了溝通的藝術，領略溝通的眞諦，在生意場上將能暢通無阻。

在溝通的過程中，學會站在對方的角度思考，成功就會與你越來越近。

眞正的溝通高手會站在對方的立場，替對方著想，力求達到雙贏，這才是最高明的辦事方法。

一九八七年六月，法國巴黎網球公開賽期間，奇異公司執行長傑克．威爾許與商業夥伴相約一同觀賞這項盛大的賽事。

法國政府控股的湯姆遜電子公司董事長阿蘭．戈麥斯也在受邀名單之列。戈麥斯是一位既風趣又有魄力的人。威爾許已經事先約好第二天到辦公室拜訪他，因為彼此的企業都需要幫助。

湯姆遜公司擁有的醫療造影設備公司是威爾許想要的。這家公司實力並不是很強大，在行內排名也只位居第五名。

威爾許的奇異公司在美國醫療設備行業擁有一家首屈一指的子公司，幾乎壟斷了美國醫療設備的全部業務，但是在歐洲市場卻明顯處於劣勢，更被排拒在法國市場之外。

會談過程中，因為戈麥斯不想把醫療業務賣給威爾許，所以威爾許決定用其他業務與對方的醫療業務交換，看他是否對此感興趣。

威爾許非常清楚戈麥斯對於奇異的業務沒有興趣，也絕不會做賠本的交易。於是，威爾許走到湯姆遜公司會議室的白板前，列出了他可以與戈麥斯交換的一些業務。

他首先列出的是半導體業務，但對方不感興趣，他又列出電視機製造業務，戈麥斯立即對這個想法產生興趣。因為從他的利益角度來看，目前他的電視業務規模還不算很大，而且侷限在歐洲範圍之內，這種交換不但可以甩掉那些不賺錢的醫療業務，而且又能使他一夜之間成為第一大電視機製造商。

兩人達成共識後，談判立即展開並且很快達成一致。

談判結束後，威爾許激動地對他身邊的秘書說：「天啊，是上帝讓我與戈麥斯有了這次想法上的溝通，使我做成了這筆交易，這就是溝通的藝術，權衡利弊，換位思考，我一定要把它運用得更好。」

戈麥斯回到辦公室後也有同樣的感觸，他也同樣清楚，這筆交易使他獲得一個相對穩定的規模經濟和市場地位，可以迎接一場巨大的挑戰。

奇異公司想要擴張歐洲市場版圖，看起來是件難事，但透過威爾許的溝通談判，奇異公司在歐洲的市佔率提高到十五％。湯姆遜公司也實現了成為最大規模的電視機生產商的夢想。

威爾許、戈麥斯都各自實現了自己的理想，最終取得了雙贏。

在商場上，雙贏無疑是最佳的選擇，但要做到這一點，卻具有一定的難度，必須具備溝通智慧，爲彼此製造機會。

威爾許、戈麥斯成功的原因很簡單，就是能夠明白彼此的需求，進行有效的溝通，雙方都能站在對方角度看待問題，找到了彼此可以交換的利益，最終各取所需，各有所得。

能言善道更容易行銷

語言是與客戶交流的媒介，任何推銷活動首先必須用語言搭起橋樑，進而展開商業活動，最終達到銷售的目的。

能言善道在現代社會爲人處世當中，堪稱是一項必備的技能，會說話的人當然比較吃香。相對的，在商場上闖蕩，會說話、懂得說話的藝術，也能夠發揮重要的促銷作用。

語言交流是商業行爲的開端，這個頭起得好或不好，將會直接影響交易的成敗。話說得巧妙、恰當，自然能夠拉近與客戶之間的距離，對於業務的拓展將更有幫助。

某個公司的幾位年輕銷售人員在一次化妝品展售會上，運用十分專業的語言將公司產品原料、配方、功能、使用方法，向顧客進行詳細的介紹，讓前來參觀的客人留下非常專業的印象。他們在回答消費者提出的各種問題時，不僅對答如流，而且彬彬有禮、幽默風趣，深深地吸引了消費者。

消費者好奇地問道：「你們的產品真的像廣告中所說的那麼與眾不同、那麼優秀嗎？」一位銷售人員幽默地回答：「您試過之後的感覺，會比廣告上說的更好。」

消費者又問：「那如果我買回家去，試過以後卻不像你說的、廣告說的那麼好，該怎麼辦？」另一位銷售人員笑著回答說：「此時，我們正在想像您為之陶醉的表情。」

無疑地，這次展售會相當成功，產品的銷量不僅超過以往，品牌的知名度也大大地提升。在公司的檢討會上，經理特別強調銷售人員語言訓練的重要性，在往後的銷售技能培訓上，更加注重「說話」的能力訓練。

從事行銷工作的人，說話一定要掌握好尺度，什麼時候該說什麼話，應該怎麼表達，要更加講究技巧，如此一來，才能抓住顧客的心，讓他們心甘情願掏出錢來消費。

一個賣布料的營業員小張很會做生意，每個月的銷售額都高出其他營業員一大截，有人問他原因：「你這麼會做生意是不是有什麼高超的技術，是因為你都將產品形容得天花亂墜嗎？」

他回答說：「不是。」

一天，一位顧客站在櫃檯前左顧右盼，不時用手摸摸櫃檯上的布料，但卻一直沒有開口詢問價格。

小張根據自己的經驗，判斷這位顧客有購買布料的意思，便主動上前去說：「這塊料子很不錯，但我告訴您，只要仔細看看就能發現，它染色的深淺不一致，如果我是您，就不要這一塊，買那一塊。」

說著，他就從櫃檯上抽出另一匹布料，展開之後接著對顧客說道：「這塊布料搭您的膚色真適合，而且只比您剛才看到的那種每尺多幾十塊錢，是不是買這塊比較划算？」

顧客被小張的熱情、坦誠打動了，就買下他推薦的那塊布料。

語言是人與人交流的一種工具，能夠促進感情和思想的交流，增強人際關係的和諧。只要人際關係沒問題，再怎麼困難的事情都能迎刃而解。

對於銷售人員來說，語言更是與客戶交流的媒介，任何推銷活動首先必須用語言搭起橋樑，進而展開商業活動，最終達到銷售的目的。

商場上，生意能否談得成，就要看你是否懂得怎麼說話，如果讓顧客覺得你是將心比心地站在顧客的立場爲他精打細算，那麼就能降低對方的戒備心態、防禦心理，讓他產生認同感，進而促成交易。

揣摩心意，就能讓對方同意

被說服者會感到憂慮，主要是擔心「同意」之後就會產生意想不到的後果。如果能夠洞悉他們的心態，並加以疏導，成功率就會大大提升。

求人做事不可能一蹴而就，不能凡事都直來直往。想要說服別人，別人就會本能產生反說服的心理，越努力說服，對方的防範心理就會相對越發強烈。相反地，若是循序漸進，用誘導的方式一步一步試著說服對方，就會順利得多。

那麼，該如何達到自己的目的呢？

曾經有一位人力資源專家表示：「假如對方很愛說話，那麼我就有希望成功地說服他。因為對方已經講了七成話，我們只要說三成話就夠了！」

實際上，很多時候，人們爲了要說服對方，滔滔不絕地講道理，把話說了七成，只留三成讓對方「反駁」。這樣如何能順利圓滿地說服對方？

要學著儘量將自己原本說話的立場轉換成聽話的角色，瞭解對方的想法、意見，這才是最重要的。

如果感覺到對方依然堅持他原來的想法，此時最好的辦法，就是先接受他的想法，或者先站在對方的立場發言。

事實上，每個人都有很強烈的自尊心，當自己的想法遭到別人否決時，極可能爲了維護自我尊嚴或嚥不下這口氣而變得更加倔強，排拒反對者的建議。若是說服別人落到了這個地步，成功的機會就相當渺茫了。

一家電器公司的推銷員挨家挨戶推銷洗衣機，當他到了某戶人家裡，恰好這戶人家的太太正在用洗衣機洗衣服。他就連忙說：「哎呀！妳這台洗衣機太舊了，用舊洗衣機是很費時間的。太太，該換新的啦！」

結果，還沒等這位推銷員把話說完，這位太太心中立刻產生了反感，駁斥道：

「你在說什麼啊！這台洗衣機很耐用，我都用六年了，到現在還沒有發生過故障，新的也不見得好到哪兒去，我才不換新的呢！」

這位推銷員只好無奈地離開了。

又過了幾天，又有一名推銷員來拜訪。簡單的寒暄之後，他初步瞭解了這位太太的心態，便說：「這是一台令人懷念的洗衣機，因為非常耐用，所以對太太有很大的幫助呀。」

這位推銷員先站在對方的立場上說出她心裡的話，讓這位太太非常高興，於是她說：「是啊！這倒是真的！我家這部洗衣機確實已經用很久了，是有點舊了，我正在考慮要換一台新的洗衣機呢！」

於是，推銷員馬上拿出洗衣機的簡介，提供給她做參考。

用這種說服技巧，對推銷產品確實大有幫助，因爲這位太太已經動了購買新洗衣機的念頭。至於推銷員是否能夠說服成功，答案幾乎是肯定的，只不過是時間長短的問題罷了。

有時對於會使對方感到不安或憂慮的問題，要事先想好解決之道，以及說服的方法，一旦對方提出問題時，就要立刻提出明確的解釋。如果事先準備不夠充分，講話時模稜兩可，反而會令人感到不安。

所以，在行動之前，應該事先想好一個能夠引起對方思考的問題，此外，還應準備充分的資料，讓對方感到方便安心，這是相當重要的。

善於觀察與利用對方微妙心理，是幫助自己提出意見並說服別人的要素。

一般來說，被說服者會感到憂慮，這是正常的情況，主要是擔心「同意」之後就會產生意想不到的後果。如果能夠洞悉他們的這種心態，並加以疏導，成功率就會大大提升。

解決「人」的問題，方法只有一種

學會作台階給人下，學會怎麼結束人與人之間的戰爭，學會在關鍵時刻控制好自己的情緒，我們將明瞭「退一步海闊天空」的道理。

行銷的技巧有很多種，解決問題的方法更是不計其數，但是在面對人際關係的問題上，卻只有一種方法，那就是看誰願意「先退一步」。

「退一步海闊天空」，只要我們願意先轉換自己的情緒，再大的問題也一定會找到透氣的出口。

賀伯是個非常努力的推銷員，雖然他同時要推銷六七種不同的商品，但是他從不覺得辛苦，反而認為是個難得的歷練。

自從投入職場後，賀伯便憑著流利的口才與細心的態度，很快地攻佔消費者的心，無論什麼樣的產品，每個月他都會有一定的成績，這也讓每個與他合作的行銷夥伴非常輕鬆，當然也更願意大方地與他分紅。

口若懸河與反應靈敏是賀伯的成功原因，不過他今天向客戶丹尼爾解說產品時，這些優點似乎表現得並不理想，賀伯不經意中得罪了他。

丹尼爾暴跳如雷地指著他說：「你這是什麼意思？」

賀伯今天確實有些失常，他居然也不甘示弱地說：「丹尼爾，你實在很不理智，如果您不高興，我可以讓您變得理性一點，我可是軍校畢業的。」

聽見賀伯這麼說，丹尼爾更不高興了，憤怒地說：「是嗎？雖然我有家庭了，但是在這個情況下，我很願意好好地奉陪……」

「丹尼爾，您是一家之主？那您有孩子了吧！」賀伯忽然問道。

丹尼爾回答：「當然有了，你又想說什麼？」

沒想到滿臉不悅的賀伯，忽然換了張和顏悅色的笑臉，接著問道：「孩子們應該有八、九歲了吧？」

「差不多吧！你到底想幹什麼？」丹尼爾感覺氣氛有些詭異。

賀伯突然跳了起來，接著緊緊地捉住丹尼爾的手說：「太好了！」丹尼爾被賀伯這個動作嚇得退了一步，賀伯接下來卻是笑容滿面地說：「丹尼爾，您真是太幸運了！《兒童報》即將出版了，訂閱一年只要六塊美金！內容是由多位權威人士所撰寫，紙張厚實，不會輕易被孩子們毀損，內頁的插圖則是由國內著名的藝術家們繪製，全彩印刷且絕不褪色，如何？您要不要為孩子們訂一份呢？一定會對他們有很大的助益！」

賀伯這突然的舉動和轉變，讓丹尼爾一時呆住了，不過這樣的轉折變化卻逗得周圍的人們哈哈大笑。

最後，丹尼爾竟然訂閱了二份報紙，使原先劍拔弩張的小糾紛以喜劇收場。

從一開始的爭吵到最後簽下訂單，看起來十分戲劇化。先是對立然後退讓的過程，轉變看似突然，實則一切都掌握在賀伯這個推銷員手中，因爲其中解決關鍵正是賀伯靈活運用這份新出版的《兒童報》，不但止息紛爭，更創造了好業績。

如果，賀伯和往常一樣，直接向消費者推薦這份報紙，想必也只能簡簡單地陳述報紙的內容和特色。這些都是人們在推銷時的共通方法，當然很難吸引人們的目光。即使賀伯的口才再好，可能也激不起消費者的訂購慾望。

因此，他用了點巧思，在平淡的溝通過程中激起一點火花，然後瞬間澆熄並讓對方來不及反應。一時間，消費者面對突如其來的轉變，當然反應不及，只得順著情勢而走了。結果正如我們所看見的，丹尼爾最後選擇了訂閱報紙，因爲他知道：「賀伯是有心退讓的。」

日常生活中，我們經常會遇見人際間的對立與爭吵，想解決問題扭轉劣勢的人，便要向賀伯學習。學會作台階給人下，學會怎麼結束人與人之間的戰爭，學會在關鍵時刻控制好自己的情緒，我們將明瞭「退一步海闊天空」的道理。

多動腦找出更好的方法

先制定戰略，再活用戰術，只要我們能多花點巧思，多動動腦，人生的路並不難走。

人生最艱難的事，並非是「做人」，也不是「做事」，而是你是否具備做人做事的厚黑謀略，也就是不論你做任何對自己有利的事，都要讓別人認爲你做得合情合理。

商戰的技巧很多，生活的巧思也俯拾可得。

凡事多動一動腦，讓視野再開闊一些，那麼無論事情怎麼艱難，也不管麻煩多大，我們最後都一定能帶著微笑，輕鬆解決。

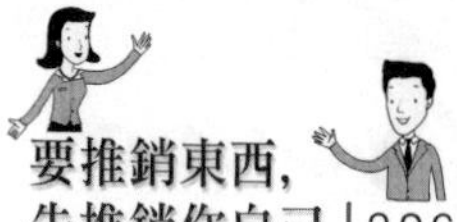

松下幸之助在參觀荷蘭的菲利浦公司時，被該公司先進的技術吸引，當下便決定與菲利浦合作。隨後，雙方研議要在日本建立一家股本六·八億日元的合資公司——松下電子公司。

然而，在菲利浦開出的合作草約中，菲利浦只出資百分之三十，松下電器卻得出資百分之七十，而且菲利浦的百分之三十還得扣除他們的技術指導費。總結下來，菲利浦公司實際上一分錢也不必花。

其他還有技術使用費與專利轉讓費用，合計約二億日元，是松下公司得另外支付的部份，這對資本額不到五億元美元的松下公司來說，無異是個沉重的負擔。

面對這項負擔，連精打細算的松下幸之助也有些遲疑。然而，當他對菲利浦公司做了深入的研究調查後，還是決定答應了這項要求。

因為松下幸之助發現，菲利浦公司擁有超過三千名的研究員。如果他們想要自己創造相同規模與水準的研究所，恐怕得花上幾十億日元和好幾年的時間。

如今，他只要花二億日元就能充分地運用菲利浦公司的資源，何樂而不為？所以松下先生毅然地與菲利浦公司簽訂了合作之約。

不過，松下幸之助畢竟不是省油的燈，在權衡現實情況之後，他先表現合作誠意，接著便開始積極地為自己爭取權利。

最後，他向菲利浦公司要求：「既然你們要拿技術指導費，那麼我方也要拿經營指導費，這樣才公平。」

這個理由看起來似乎有些牽強，但實際上還說得過去。畢竟眼前菲利浦想打進日本市場，確實得靠松下公司的經營經驗。

最後，雙方達成協議，讓雙方的「指導費」各自降為百分之二，松下先生也輕鬆地省下了技術指導費的支出。

在松下先生的獨到眼光與經營技巧下，他們不僅讓該公司成為日本主要品牌，更在很短的時間內搶佔了全球的市場。

「退一步然後再進二步」，正是松下幸之助的成功技巧。

因為雙方是合作伙伴，所以他明白要維護彼此權益的最大公約數。他不急不徐地找出彼此的需求與合理的資源分配，後而輕鬆巧地爭取到自己的權利，如此高明的商戰技巧確實令人佩服。

這個故事的寓意在於：「只要我們能多花點巧思，多動動腦，人生的路並不難走。畢竟路是人走出來的！」

解決問題，當然要多動動腦，就像松下幸之助一般先制定戰略，再活用戰術，每件事都要通盤考量，並仔細權衡整體的利益得失。如此我們才能冷靜處事，也才能找到共創雙贏的絕佳辦法。

沉默是為了等待最佳的發言時機

許多心理高手面對競爭激烈的環境，保持沉默用以降低對手的防備，看似退讓或接受，其實暗藏積極行動的企圖心。

不能謹言慎行，當然會一再地遇見麻煩，不能按捺自己的情緒，人際間的口角風波當然會一再地上演。

當我們生活在這些麻煩與口角爭吵之中，日子會快樂嗎？

「沉默」常伴隨著「忍耐」。因此沉默不是害怕的表現，在很多時候它更代表著一個人的修養風範，也隱含了一個人懂得在靜思後再審慎發言的智慧。

曾經有一位準備退休的印刷業老闆，在脫售公司各種事務機器時毫不遲疑，唯獨對一組從美國原裝進口的印刷機器割捨不了，因為這組生財工具當初花了他好幾百萬美元的成本。

老闆仔細地看了看機器，心想：「這組設備還很新，除了有些小磨損，其他功能仍然極佳。雖然已是二手貨，不過應該還有二百五十萬美元的價值吧！」

幾經估算之後，老闆決定要以這個價錢出售：「二百五十萬美元，不二價！」

消息一傳出去之後，許多同行的買家紛紛與他接洽，這其中當然不乏一些要求減價的人。然而，態度強硬的賣方老闆說什麼也不願意降價，他說：「你們都知道機器的功能與印刷品質，這個價錢已經很合理了，你們可以比較一下目前市面上其他的印刷機器，許多新機的品質恐怕還不如這一台呢！」

不久有個挑剔的買家出現，他一進門，連售價都沒問，便滔滔不絕地批評起這台機器的缺點與不足，話鋒尖銳，幾乎快惹惱了賣方老闆。

正當老闆的情緒就要爆發前，忽然一個轉念：「算了，反正二百五十萬元的底價我是不可能退讓的，既然他不識貨，就隨便他說吧！」

按捺住情緒後，老闆始終不發一言，靜靜地看著那個人口沫橫飛地說著，直到他再也沒有力氣大聲說話為止。

停頓時，老闆還是沒有說什麼，只有擠弄一下臉龐，表現出一副無可奈何的神情。沒想到就在這個時候，這個人居然說：「老兄，你這台機器我只能支付你三百五十萬元，再多就沒有了，你看如何？」

賣方老闆一聽，先是吃驚地看著他，領會之後，故意地裝作無可奈何的表情說：「好吧！成交了！」

所謂的「沉默是金」，並不是意味著完全不開口說話，更不是要我們成天板著面孔，態度冰冷地與人交往，而是要懂得抓對時機保持「沉默」，並學習選對時間、場合開口說話。

懂得適時適度地運用沉默，不僅是一種智慧，更是一種藝術。就像故事中的老闆，在隱忍與靜默的交易過程中，用沉默賺到了更多的回饋。

其實，許多心理高手最常使用的競爭技巧，正是「沉默」這張牌。面對競爭激烈的環境，他們保持沉默用以降低對手的防備，看似退讓或接受，其實暗藏積極行動的企圖心。眼前的沈默並不是因爲他們害怕或是退讓，只是他們比對手更懂得什麼叫作「伺機而動」。

我們都知道「言多必失」會帶來不必要的麻煩，更清楚話說得太快很容易引來不必要的危險。一旦少了大腦的深思熟慮，話多不但無助於人與人之間的溝通，反而更容易造成不必要的衝突。

因此，忍住你的脾氣，心中的目標既然已經決定了，就不必與人多起爭執。如果他們不滿意眼前的一切，不明白你的目標方向與計劃，那麼就不必再說什麼，因爲他們始終都不會明白。

誠實、踏實是經商的第一要件

我們無須絞盡腦汁地偽裝自己，更不必打腫臉充胖子。只要能率真地表現自己，堅持質樸的言行，那麼人們自然會認同我們的實力與努力。

誇大與自負時常引誘我們進入險境。那些喜歡自吹自擂或自以爲是的人，不僅常常忽略自己的不足處，也經常看不見對手即將超越自己的事實。

所以，誠實地面對自己的優缺點，踏實地將自己的能力表現出來，才是我們爭取成功機會的最佳方法。

在一場重要的商業會議中，有間名聲很差的廠商也積極出席。但是，他們為了替自己爭取更多的利益，竟誇張地吹噓著自家產品，甚至誇過了頭，此舉令許多同行業者都忍不住搖頭。

接著，該公司代表還拿現場同業的產品來比較，並以明褒暗貶的方式攻擊對手，他們心中盤算的是：「哼！誰能跟我們比，我只要說句話就能把你們打敗了！」

至於那些被貶抑的廠商代表雖然氣憤，但礙於在這樣的大場合不便發作，同時也因為對方沒有直接批評，所以他們沒有加以反駁。更何況「和氣生財」也是大多數商人們的經商圭臬。

不過，就在這個時候，有個同業代表忽然站起來回嘴了，因為他的公司也被對方批評得十分誇張，明捧暗貶的話中話實在令人難受。

在這樣的場合中，大多數人都期望他輕輕帶過就好，沒想到他竟然大力吹捧起自家產品，接著更對該家廠商的產品毫不避諱地直接批評，而且一口氣損個夠。

這個舉動不僅令對方代表愣住了，連其他與會的廠商代表也緊張得繃緊了神經，甚至身邊的伙伴也忍不住對他說：「你吹得太過了啦！」

沒想到他卻笑著說：「是嗎？不如讓我和大家說個故事吧！從前，有個製鼓的人說：『我家裡有一面鼓，只要一擊鼓，它的聲音能傳送千里。』有個人聽出他在吹牛，於是他大聲地說：『是嗎？那我家有一頭大牛，當牠的頭正在江南喝水時，尾巴卻一直伸到對岸。』製鼓人一聽，立即駁斥：『根本沒有這麼大的牛。』對方則說：『沒這麼大的牛，怎麼能蒙住你吹牛的大鼓呢？』同樣的道理，我們家的產品如果不好，又怎能超越他們呢？」

大家一聽，忍不住哄堂大笑，原來他是故意在嘲諷該公司的吹牛招術。

最後，這位機智的代表再也沒有誇張地介紹自家的產品，因為他已經獲得了許多業者的青睞。現在他不必再吹牛，只要詳細地介紹自己的產品，即使坦白地說出產品的優缺點，也能贏得買家的信任。

其實，每個人都知道自己的能力有多少，也看得見別人的能耐有幾分。只是我們能冷靜地看出別人的能力，卻總是不肯面對自己的實力不足，於是就會像故事中習慣用吹牛來誇大自家產品的公司代表一樣，不斷地打腫臉充胖子。

別忘了，許多成功者一再地叮嚀著我們：「待人接物的準則是謙虛與坦誠，然後你就會得到旁人的信任，之後才能享受成功的喜悅。」

每個人的實力到底有幾分，無須吹捧也不必他人大肆讚揚，因爲我們的能耐只要一面臨表現機會，自然能誠實地展現在人們眼前。

人生的智慧眞的很簡單，無論在哪一個領域中，我們眞正應該在意的不是華麗的結果而是努力的過程，應該關注的也不是最後的感受，而過程中學習到的領悟。所以，我們無須絞盡腦汁地僞裝自己，更不必打腫臉充胖子，只要能率眞地表現自己，堅持質樸的言行，那麼人們自然會認同我們的實力與努力。

PART 9

尊重的態度是成功的基礎

在整個談判的過程中，都要維持尊重對方的態度，以禮待之。這樣即便這次談判不成、無法合作，對方也會對你留下好印象。

經驗就是最好的訓練

> 應適當地培養自己的口才，因為無論在任何一個領域，好口才都能夠帶來幫助，拓寬自己的路。

任何理論或策略，若不能和真實生活結合，便沒有意義。同理，光是學習種種交談、推銷技巧還不夠，更要設法增加自己的「實戰經驗」。

就讀大學的李金安趁暑假前往親戚開設的服飾店工讀，便親身體驗了推銷的甘苦，得到不少寶貴經驗。

那一天，時間已近中午，店裡還沒有做成一筆生意。進來看看的人不少，就是沒有一個真正表示興趣，停下來談價錢。

正當李金安發愁的時候，來了一位戴眼鏡、打扮樸實的男人。看神情，又是一位沒有「誠意」的顧客，但他不願死心，密切注意著對方的舉動。

突然，他發現男人的眼神在一件淺灰色夾克上停留了片刻。「先生您好，想要買嗎？」他馬上笑著問。

「啊！不，看看而已。」對方顯得有些緊張，連忙將「路」封死，似乎很怕會被店員纏上，硬是逼自己「一手交錢，一手交貨」。

「沒關係，不買不要緊。」李金安一邊露出不以為意的表情，一邊伸手將衣服取下來說：「我取下來讓您仔細瞧瞧吧！就算是還要去逛別的商店，也可以有個比較。」

男人接過衣服，但只看了一眼，就低聲說：「顏色好像太淺了。」

「您的年紀也不過二十多歲吧？還是穿淺色的衣服比較好，因為顏色若是太深，看上去容易顯得老氣橫秋，沒精神。」

對方陷入了沉默，過了一會兒，又表示不喜歡有拉鍊的外套，想要看看釘鈕扣的款式。可是正不巧所有釘鈕扣的夾克都賣出去了，連一件也沒有。

怎麼辦呢？難道就這樣讓機會溜走嗎？李金安突然靈機一動，將話題一轉：「看您的感覺，該是個公務員吧？」

對方笑了笑：「我是個國中老師。」

李金安馬上會意地點頭道：「難怪喜歡深色的衣服，是希望看起來比較沉穩、有精神嗎？不過，太嚴肅未必好，真正的感覺，還是要試穿之後才知道。要不要試試看呢？」

這一回，男人倒是沒說什麼，很乾脆的將衣服套上身，李金安見大有希望，感覺更有衝勁了。

「您看，多有精神！」他說：「說實話，我還是個學生。當學生的，都希望老師和自己的距離不要太遠，別總是高高在上，特別是國高中生，這種內心渴求更強烈。我認為，老師們與其塑造威嚴，不如讓自己看起來年輕一些好。」

男人一邊脫下外套，一邊笑著問：「你真會說話，在什麼學校讀書？」

一聊之下，彼此的距離又拉近不少。但就在李金安盤算著該如何提出價錢的時候，男人竟又說不買了，原來是外套的左胸配了一個小口袋，右邊卻沒有，且因為口袋顏色較淺，在不對稱的突顯下，看上去極像一塊補丁。

李金安聽了對方的理由，急中生智地說：「表面看來似乎是缺陷，但其實也可以用服裝設計的特色來解釋，端看站在什麼角度。大家都習慣了『對稱』，似乎什麼東西都要成雙成對，可其實單個的設計，也有不一樣的美感啊！」

「雖然我不贊同你的理論，但是必須承認，我非常佩服你的口才和態度。好吧！我買了。」男人不再為難，如數付了錢，臨走之前，還半開玩笑地對李金安說：「好好訓練一下自己吧！事實上，你的潛力非常大。」

這是一次非常成功的推銷，透過態度和言語傳達出的魅力，解除了顧客心中的疑慮，改變原本的心意，做成一筆原先沒有太大希望的生意。

應適當地培養自己的口才，因爲無論在任何一個領域，好口才都能夠帶來幫助，拓寬自己的路。

而累積經驗，就是自我提升語言能力的最好訓練。

要推銷東西，先推銷自己

想要取得顧客好感，首先要注意儀表，得體的服飾、儀容，周到的禮節，溫和積極友善的態度，都是建立良好的第一印象的要素。

一個銷售人員想要銷售產品，首先得銷售自己。如果自己不能給客戶一個良好的印象，必然會連帶影響到產品的形象和企業品質。

人通常是感性的，顧客能否接受某企業的產品，往往取決於能否接受企業銷售員；銷售員能否在雙方之間建立良好的合作關係，往往取決於銷售員展示給顧客的第一印象。

「鵝眼效應」在人際交往和銷售中無處不在，顧客習慣把銷售員良好的第一印象放大，在愛屋及烏的情況下，進一步對其公司和產品產生好感。同樣的，不良的第一印象也會被顧客放大，無形中會對該公司的產品產生反感。

想要取得顧客好感，第一次上門的時候就要讓他第一眼就喜歡上你。

要讓人留下良好的第一印象，首先要注意儀表，要穿著得體，進退有禮。得體的服飾、儀容，周到的禮節，溫和、積極、友善的態度，都是建立良好的第一印象的要素。

如果一個穿著嬉皮服裝的銷售員向你銷售健康食品，恐怕你是無論如何也不敢買的。他給你的第一印象已經讓你懷疑：「他賣的東西能吃嗎？」或「他是否會賣違禁物品給我？」

女性銷售員以淡妝爲宜，舉止要顯得落落大方，切忌不能過分濃妝艷抹，或故意流露很妖冶嫵媚的樣子。那樣會給顧客不端莊、過於輕佻的不良印象，顧客會認爲妳不是來銷售產品，而是來銷售自己的色相。

一個成功的銷售員的服飾重在得體、自然、合時、合宜，會見客戶前先會對著鏡子整裝。穿著既不能太正式，也不能太隨便，要適合自己銷售的商品。在一般情況下，銷售員穿西服較爲正統、嚴謹、不刺眼。例如，美國、日本的許多大公司都會對雇員的服裝嚴格要求：皮鞋要擦乾淨，襯衫的鈕子要鈕上，女職員裙子不能過膝，而男職員西服不能有縐褶。

此外，銷售員的儀容應經常修飾，保持清爽整潔，切不可蓬頭垢面，要給客戶鮮明悅目的第一印象。

銷售員隨身帶的東西很多，如名片、筆記本、錢包、梳子、打火機、鑰匙，以及關於商品的說明、樣品、訂單……等等，這些零件都應分門別類地整理好，不能在顧客面前慌慌張張的，找不到東西露出狼狽相；也不能手忙腳亂地掏出不該給顧客看到的東西，甚至嘩啦一聲把零零碎碎的東西倒滿一桌子，等到找著東西，客戶已經不耐煩了！

不要以爲這是開是玩笑的例子，其實，這樣邋遢的銷售員四處可見，給我們很大的啓示是：出門之前，「零件」一定要裝配好！

爲了避免出洋相，出門前不妨按下面這個清單檢查一下你的「行頭」：

頭髮：男性的頭髮不能太長，大約二三十天就應理一次髮。有染髮習慣的人，要慎挑適合自己的顏色，不要太過詭異。

眼睛：眼睛是心靈的窗戶，這扇心靈的窗戶要保持明亮有神。

鬍子：鬍子一定要刮乾淨，每天早晨都應刮鬍子。

雙手：雙手要隨時保持乾淨，定時修剪容易藏污納垢的指甲。

衣著：注意外套不要有頭皮屑或其他髒東西，褲子要筆挺，檢查釦子是否扣好，拉鍊是否拉上。襯衫的領子、袖口保持乾淨。襪子必須每天更換，否則脫鞋之後會散發異味。

配件：領帶是否與衣服相配，是否歪斜？鞋子是否與衣服相配？袖釦、領帶夾、手錶，應選擇不刺眼的樣式，使自己看起來大方得體。

用真摯的告別語言深入人心

情意真摯、言語優美的告別詞語令人感動，這點不論是在朋友間的交往，或是商場上的往來都是如此。

在社交場合，得體的告別語言能增進友誼，即使在雙方分別後，這段情誼也會令人難忘。至於在商場上，巧妙地處理送別也可能會促成一樁買賣，爲今後雙方的成功合作打下良好的基礎。

例如，有一家公司的女秘書替經理接待來訪客戶，由於工作相當出色，因而深受客戶喜愛。臨別時，客戶爲了表達對這位小姐的感激之情，特別送給她一個由大海貝製成的紀念品。

這名女秘書非常讚歎海貝的美麗，當她知道這禮物是客戶從很遠的地方買到之時，很感動地說：「謝謝你，爲了送我這件禮物，還讓您跑那麼遠的路，眞是過意不去。」

「這不算什麼，因爲我爲買到它而進行的長途跋涉，就是我送給妳的禮物一部分。」這位客戶答道。

這樣別具一格、精心挑選的離別贈禮，再加上動人的臨別話語，就能表達出送禮者的一片至誠，也無怪乎收禮者會如此感動了。

此外，情眞意切的告別演說也是催人淚下。

林肯是美國第十六屆總統，一八六五年贏得內戰勝利，廢除了黑奴制。

一八六一年二月十一日，林肯當選總統要赴華盛頓就職前，他在工作所在地伊利諾斯州發表了告別演說，部分內容如下：

「不是處在我這個地位上的人，很難體會到我此刻的惜別之情。這地方和這裡的人民給了我一切，我在這裡度過了四分之一個世紀，從青春歲月到了暮年，我的孩子

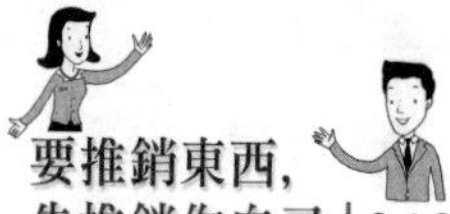

在這裡出生，其中一個還埋葬在這裡。我現在要離開你們，不知何年何月才會再回來，甚至不知是否能再回來。我眼前面臨的任務，比當年華盛頓總統肩負的還要重大。要是沒有上帝的扶持，我不會成功，但是，有了上帝的扶持，我就不會失敗。讓我們滿懷信心和希望，因爲一切都將好起來。願上帝賜福於你們，也願你們祈求上帝賜福於我。」

這篇告別演說情感眞摯、言語樸實，林肯以發自內心的感觸，道出了一個即將遠行的人對朋友依依不捨的深情。有人說林肯是美國歷史上最偉大的總統，從這一篇告別演說上，可見一斑。

情意眞摯、言語優美的告別辭令人感動，這點不論是在朋友間的交往，或是商場上的往來都是如此。

一個成功的領導人也善於發表臨別的演說，他懂得利用這樣一個機會、這樣一篇演說，讓自己的形象深留人心。

多加考量才能使宴請圓滿達成

請客是商場上必不可少的禮節。若是處理得好，就能達到彼此交流、促進情誼的效果；倘若處理得不好，雙方反而會因此產生芥蒂。

要使自己的事業成功，爲自己獲取最大的機會，就少不了請客送禮這項步驟。可是也有一些人，本想利用請客送禮來獲得對方的幫助和支持，但由於在邀請對方時，表達的方式不夠好，結果反而帶來了反效果。

因此，在交際過程中，準備宴請與送禮時，應當注意一下該如何運用口才，研究一下說話的策略。

另外，不論是要請客或者送禮，從計劃到開始、從開始到結束，整個過程都應在自己的控制之中，切忌舉辦力不從心的宴請，諸如宴席未開始，自己便先累倒了；形式太多、太複雜，結果使客人不好意思；屋子明明很小，卻邀請了一堆客人，弄得大家無立足之地，整個屋子裡鬧哄哄的，使客人心情煩悶、無精打采；如此一來反而弄巧成拙。

宴請賓客時，還要知道客人的口味與愛好，邀請來的陪客應當有相當的談話本事，並且與賓主雙方都沒有歧見和嫌隙。

在客人來了之後，主人應負責介紹每位來賓的姓名、身分、工作，介紹內容不可故意渲染誇大，必須簡單扼要，三兩句交代清楚就好。

當來賓坐下之後，切莫獨自和某一個人長談而忘記自己主人的身分，必須注意處理好自己與衆賓客間的關係，不要冷落了某個客人。

對於那些遭到冷落或無法參與話題的沉默之人，應不露聲色地爲他解圍，使衆人在熱烈、融洽、友好氣氛交流情感。

當賓客相繼要回家之時，應像迎接賓客時一樣，站在門口與他們一一握手道別。

若是賓客成群離去，也應送至門口，揮手互道晚安。

若是面對遲遲不願離開的客人，必要之時可以停止沖茶或停止供應食物，暗示客人該是離去的時候了。

假若這樣還不生效，可以明白告訴他，時間太晚了，自己明天還有工作要做；或這幾天很忙，自己有點疲憊；或這幾天身體不太舒服，想多休息等，用禮貌、委婉的方式勸客人離開。

請客是商場上必不可少的禮節，也是拓展人際關係的必要步驟。若是處理得好，就能達到彼此交流、促進情誼的效果；倘若處理得不好，雙方反而會因此產生芥蒂。因此在規劃宴席時，必要小心，多加考慮來賓的狀況與喜好，使宴請的目的能圓滿達成。

尊重的態度是成功的基礎

在整個談判的過程中，都要維持尊重對方的態度，以禮待之。這樣即便這次談判不成、無法合作，對方也會對你留下好印象。

所謂「談判」，就是要在彼此交談、商議的過程中，爲己方取得最有利的成果。

在商場上，不論是與客戶簽訂合約前，或是與合作廠商建立合作關係前，都少不了「談判」這個步驟。

因此，在商場上活動的人都必須了解談判的流程與原則。

以下就列出談判過程中，應該注意的事項：

一、談判準備

在談判之前，首先要確定雙方的談判人員，己方的談判代表應與對方談判代表的身分、職務相當，談判代表還要有良好的素質。對於談判主題、內容、議程皆必須做好充分準備，制定好計劃、目標及談判策略。

談判代表在談判前，應打理好自己的儀表，穿著要整潔、正式、莊重。男士應將鬍鬚刮乾淨，穿上西裝，而且必須打領帶；女士穿著不宜太性感，也不宜穿細高跟鞋，應化上淡妝。

談判會場中若採用長方形或橢圓形的談判桌，則門邊右手座位或其對面座位是尊位，應讓給客方。

二、談判之初

談判一開始，雙方接觸的第一印象十分重要。言談舉止要適度，盡可能創造出友好、輕鬆的談判氣氛。

自我介紹時，態度要自然大方，不可露出傲慢的神態。被介紹到的人應起立微笑示意，或禮貌地說句「幸會」、「請多關照」之類的客套話。在詢問對方身分時要客氣，如對方遞出名片，要雙手接下。

自我介紹完畢後，可選擇雙方共同感興趣的話題進行交談，稍做寒暄，以增進彼此情誼，創造良好氣氛。

談判之初的姿態動作對於掌握談判氣氛有著重大的作用。在注視對方時，目光應停留於對方雙眼至前額的三角區域正方，這樣能使對方感到被關注，覺得你態度誠懇。

另外，在交談中，手勢要自然，不宜亂打手勢，以免造成輕浮之感；更切忌雙臂在胸前交叉，那樣會顯得十分傲慢無禮。

談判之初的重要任務是要摸清對方的底細，因此要認眞聽對方談話，細心觀察對方的舉止與表情，並且適當給予回應，這樣一來既可瞭解對方意圖，又能表現出自己的尊重與禮貌。

三、談判之中

進入談判的重點階段後，談話內容是以報價、提問、磋商、解決矛盾等爲主題。

報價時要明確無誤、嚴守信用，不矇騙對方。報價不得變換不定，對方一旦接受價格，即不再更改。

對合約或產品提出疑問時，則要事先準備好相關問題，選擇氣氛和諧時提出，態度要開誠佈公，言詞不可過於偏激或追問不休，以免引起對方的反感甚至惱怒，但是，對於原則性問題應當力爭不讓。還有，對方回答問題時不宜隨意打斷，對方回答完後，自己要向解答者表示謝意。

因爲合約內容事關雙方利益，在討價還價的過程中容易因情急而失禮，所以在磋商的時候，更要注意保持風度，態度心平氣和，發言措辭應禮貌委婉。

解決雙方矛盾時要就事論事，保持耐心、冷靜，不可因發生矛盾就怒氣沖沖，甚至是人身攻擊或侮辱對方。

四、談判後簽約

在簽約儀式上，雙方參加談判的全體人員都要出席，一起進入會場，相互致意握手。簽約完畢後，雙方應同時起立，交換文本，並相互握手，祝賀合作成功，其他隨行人員則應該以熱烈的掌聲表示喜悅和祝賀之意。

總而言之，在整個談判的過程中，都要維持尊重對方的態度，以禮待之。這樣即便這次談判不成、無法合作，對方也會對你留下好印象，這有利於未來再次的合作，能爲之後的成功奠定下基礎。

巧妙運用崇拜權的心理

要運用「借名揚名」的技巧時，一定要考慮它可能產生的負面影響，也就是所借用的「名」，能否使對方產生認同的心理。

所謂的借名揚名，是談判者在介紹己方情況時常用的一種技巧。其中「名」不僅包括組織、團體的「名」，也包括社會上一些知名人士的「名」。

比如，一些商家非常熱衷於請明星來廣告自家商品，目的就在於借名人的「名」來張揚自己的「名」。

這類廣告屢見不鮮，譬如「××影星只用××香皂」，或是「××名人天天喝××飲料」……等等。

「借名揚名」利用的是普通人崇拜權威的心理。一般人的思維中，通常有這樣一種觀念，認爲名人推崇、讚賞的東西也一定是好東西。因此，在談判過程中介紹己方情況時，運用借名揚名的技巧，可以直接而鮮明地體現出己方的實力、品質、經營理念和社會地位。

它是談判者在談判過程中爲自身及自家產品顯示價值的有效武器。像下面這個例子就是活用「借名揚名」技巧的事例：

在一次談判中，雖然供應商提供的各種資料，都顯示提供的零件沒有任何問題，但廠方由於第一次接觸這個品牌的產品，始終拿不定主意，甚至想退出談判，轉而購買品質較差但自己十分熟悉的一種舊產品。

這時，供應商靈機一動說：「您知道最近廣被讚頌的××牌電視吧？」

「當然，我們家的電視就是××牌的。」

「那您覺得這種電視的品質如何呢？」

「很不錯，一點也不比進口產品差。」

「我很榮幸地告訴您，生產××牌電視的廠商，就是一直都選用我們的產品。我們前幾天才剛簽了一個長期供貨的協議呢！」

聽了這樣的介紹後，廠方的顧慮立即消除了，很乾脆地和供應商簽訂協議。

這就是一個運用「借名揚名」技巧的例子。供應商巧妙地把××牌電視機的知名度作爲自家產品品質的保證，打消了客戶的疑慮，使談判的局面峰迴路轉。如果供應商還是單靠各種資料來介紹自家產品，恐怕就很難得到這樣的好效果。

此外，應當注意的是，要運用「借名揚名」的技巧時，一定要考慮它可能產生的負面影響，也就是所借用的「名」，能否使對方產生認同的心理。如果不能發揮這種作用，這種技巧就會適得其反，反而引起對方的反感，如此不但達不到顯示己方實力的目的，還可能使談判陷入僵局。

依據情況，適時「激將」

激將法的具體實施，要採用何種方式才能取得最佳談判效果，靠談判者根據不同情況而定。「運用之妙，存乎一心。」不能背離這原則。

最高明的談判手腕往往使得不著痕跡，卻又牽著對方的鼻子走。殊不見，古往今來熟諳這種高明談判手段的人，時常運用激將法，不費吹灰之力就達成自己的目的。

激將法就是談判者透過一定的語言手段刺激對方，引起對方的情緒波動和心態變化，並使這種波動和變化朝著己方預期的方向發展。

運用激將法使最後談判成功的例子很多，以下就是個好例子。

A市某橡膠廠進口一整套現代化膠鞋生產設備，但由於原料與員工技術層面跟不上新設備，所以那套現代化的生產設備被擱置了三年。後來，新任領導者決定將這套生產設備轉賣給B市的一家橡膠廠。

在正式談判前，A方發覺B方正面臨兩個情況。

一是該廠雖然經濟實力雄厚，但盈餘大部分都投入了再生產，要馬上挪出兩百萬元添置設備，困難很大；二是該廠的領導者年輕好勝，在任何情況下都不甘示弱，甚至經常以拿破崙自詡。

對內情有所瞭解後，A方領導者決定親自與B方領導者進行談判。

在談判過程中，A方領導者首先恭維說：「我昨天在貴廠參觀了一整天，詳細瞭解了貴廠的生產情況，管理水準確實令人佩服。您年輕有為、能力非凡，更使我欽佩。可以斷言，貴廠在您這位精明的廠長領導之下，不久一定可以成為我國橡膠業的一顆新星！」

B方領導者聽了，趕緊答道：「哪裡哪裡，您過獎了！我年輕尚輕，經驗與見識都還不足，懇切希望得到您的指教！」

A方領導者說：「我向來不會奉承人，但貴廠今天做得好，我就說好；明天做得不好，就會說不好。」

B方領導者說：「那您對本廠的設備印象如何？您不是打算把那套現代化膠鞋生產設備賣給我們嗎？」

A方領導者說：「貴廠現有的生產設備，在國內看來還不錯，至少三五年內不會有問題。至於轉賣設備之事，我昨天在貴廠參觀一天後，想法改變了。」

B方領導者問：「不知有何高見？」

A方領導者說：「高見談不上。只是有兩個疑問：第一，我懷疑貴廠是否真有經濟實力購買這樣的設備；第二，我懷疑貴廠是否能招聘到管理操作這套設備的技術人員。由這點看來，將那套設備賣給貴廠不見得是個正確的決定。」

B方領導者聽到這些話，自覺受到A方領導者的輕視，心中十分不悅。於是，他有些炫耀地向A方領導者介紹了本廠的經濟實力和技術力量，表明他們有能力購買並操作管理這套價值兩百萬元的設備。

經過一番周旋後，最後A方成功地將那套擱置了三年的設備轉賣給B方。

在上述的這個眞實例子中，A方之所以最後能達到目的，要歸功於A廠領導者善用激將法的關係。

只是談判中，使用激將法的效果如何，全在於刺激的程度掌握得怎樣，有時只要「稍許加熱」即可，有時則要「火上澆油」；有時只需「點到即止」就好，有時卻要「窮追猛打」。

當然，激將法的具體實施，要採用何種方式才能取得最佳談判效果，就要靠談判者根據不同情況而巧妙運用。但是，「運用之妙，存乎一心」，不管運用什麼方法，都不能背離這項原則。

報價先後的利弊權衡

先報價有利或後報價有利都不一定，重點是要能隨機應變，就當時的氣氛，以及對手與己方的情況加以考量，擬訂出最適宜的報價方式。

某企業想跟某廠訂購一批自行車，於是雙方展開談判。

企業代表：「如果我們大量訂購，優惠價是多少？」

廠商代表：「每台一千元。」

企業代表：「要一千元？一般零售價也才一千四百元啊！請問你，這個優惠價格是怎麼定的呢？」

因爲是後報價的緣故，所以企業代表可以集中火力，對廠商提出的價格發起進攻，逼對方降價，而自己手中的價格「底牌」則握得緊緊的。

在這種情況下，先報價者只能窮於應付，沒有機會探察對方的底細，在談判中陷入非常不利的地位。

由此可見，一般的商業談判是按照先報價者的談話內容進行的，但受益的卻是一直沒有報價的一方。那麼，既然讓對方先報出價碼對自己有許多好處，又該怎樣才能讓對方先報價呢？

最好的辦法是在一開場時，先說一段詼諧有趣的開場白後，立即要求對方先報價，並同時提出自己希望談判如何進行的建議。這種方式能使對方覺得你打算與他們在合情合理的基礎上談判，以求盡快達成合作。

典型要求對方先報價的做法大致是這樣的：「先生，此次談判事關我們雙方利益，我們都希望能盡早達成合作。那麼，你們爲何不直接提出一個能令雙方滿意的價碼呢？爲什麼一定要把時間花在無謂的討價還價上呢？」

但是，不要以爲讓對方先行報價就一定有利於己。你也可能因爲讓對方先報價而被他搶得先機，不要忘了「先入爲主」同樣具有很大的影響力。

先行報價的有利之處，在於可以主動擴大己方的影響層面，使整個談判內容侷限在某個框架內，把對手始終束縛在一個特定的範圍裡，從而達成對己方有利的協定。例如，如果對方的報價是一百萬元，那很少有人有勇氣殺價到十萬元，大多是就一百萬元的報價進行商討。

再比如百貨公司裡的名牌服飾，聰明的服飾廠商往往將服飾定價設爲超出進價的一倍甚至幾倍。比如一件皮衣進價爲一千元，廠商希望至少以一千五百元成交，那他會將標價定爲五千元，幾乎沒有人有勇氣將一件標價五千元的皮衣殺價到一千元。換句話說，廠商的搶先報價侷限顧客的思維，由於受到標價影響，顧客最後往往都以超過進價幾倍的價格購買皮衣，廠商無疑是搶先報價的受益者。

因此，在談判過程中，並不是任何時候都要讓對方先報價，是先報價還是後報價，應視談判的具體情況而定。

如果你對該次談判準備得十分充足，對對方的情況頗爲瞭解，這時你就可以先報價，以搶得先機；如果對談判準備不足、對行情不是那麼熟，則應讓對方先報價，好以靜制動、後發制人。

另外，在高度衝突的談判場合中，先報價會使你處於有利的位置；在氣氛和諧的談判場合中，先報價還是後報價則沒有太大的差別了。

如果對手是行家，你也是行家，那麼先報價或後報價均可。如果對手是行家，自己是門外漢，則應讓對方先報價，因爲透過行家的報價，你可以擴大自己的視野，及時調整己方的報價策略。

如果對手是外行人，那不論自己是行家還是門外漢，都應搶先報價，因爲你的報價可對外行的對手產生誘導作用。

總而言之，在談判過程中，先報價有利或後報價有利都不一定，重點是要能隨機應變，就當時的氣氛，以及對手與己方的情況加以考量，擬定出最適宜的報價方式，爲自己取得最優惠、最有利的價格。

要推銷東西，先推銷你自己：
銷售心理篇

作　　者　易千秋
社　　長　陳維都
藝術總監　黃聖文
編輯總監　王　凌
出 版 者　普天出版家族有限公司
新北市汐止區忠二街 6 巷 15 號
TEL / (02) 26435033 (代表號)
FAX / (02) 26486465
E-mail：asia.books@msa.hinet.net
http://www.popu.com.tw/
郵政劃撥 19091443 陳維都帳戶
總 經 銷　旭昇圖書有限公司
新北市中和區中山路二段 352 號 2F
TEL / (02) 22451480 (代表號)
FAX / (02) 22451479
E-mail：s1686688@ms31.hinet.net
法律顧問　西華律師事務所・黃憲男律師
電腦排版　巨新電腦排版有限公司
印製裝訂　久裕印刷事業有限公司
出 版 日　2022 (民 111) 年 2 月第 1 版
ISBN◉978-986-389-809-2　　條碼 9789863898092

國家圖書館出版品預行編目資料

要推銷東西，先推銷你自己：銷售心理篇／易千秋著.—第 1 版.—：新北市,普天出版
民 111.2 面；公分. - (溝通智典；35)
ISBN◉978-986-389-809-2（平裝）

溝通智典
35

普天之下・盡是好書

普天 出版家族 Popular Press Family

淩雲 文創 A Plus Creative Company